中級財務會計
技能實訓（第二版）

主　編○李　焱、言　慧
副主編○溫　莉、王林洲、王健勝、胡　偉

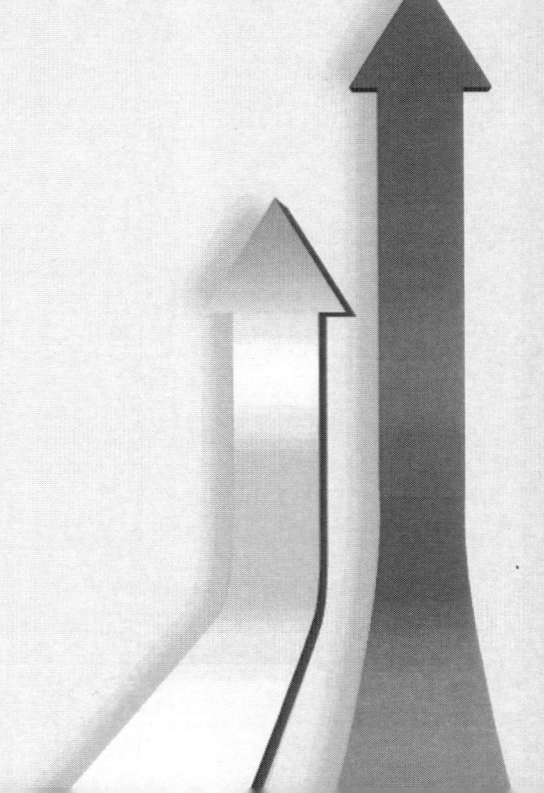

前 言

　　筆者結合自己在教學工作中的實際情況，在吸取他人優點和長處的基礎之上，重新對《中級財務會計》教材的內容做了設計和編排，以滿足「工學結合」和「項目教學」的要求。

　　為了讓學生牢固掌握中級財務會計相關專業知識，筆者結合企業實際財務工作的要求，具有針對性地設計編寫了實用、系統的《中級財務會計技能實訓》（第二版）教材，本技能實訓可以同《中級財務會計》（第二版）教材配套使用，也可以單獨使用。針對每一個實訓項目，本技能實訓設計了實訓目的、實訓內容、實訓要求三個部分，有利於學生明白每一個實訓項目應該達到的目標及實訓作用。通過系統的實訓，有助於學生掌握中級財務會計的相關專業知識，為他們今后順利地走上會計工作崗位做好會計工作奠定堅實的基礎。

　　為了增強學生的自學能力，使學生明白會計業務實訓正確與否，本技能實訓對每一個實訓項目都附有詳細的計算過程及會計分錄，有利於學生明白自己產生錯誤的環節和原因，從而發現自己在中級財務會計專業知識學習中存在的問題和不足之處，為今后改進學習方法和學習技巧指明了方向。

　　本技能實訓適用於財經類高等院校在校學生、參加自學考試的財經類專業自考人員以及熱愛會計工作的社會在職人員。

　　由於編者水平有限，本書中難免會存在一定錯誤，懇請讀者提出批評和建議，我們將虛心接受讀者的建議和批評。

編　者

目 錄

第一章　總論實訓 …………………………………………………（1）
　　實訓一　會計要素的確認 ……………………………………（1）
　　實訓二　會計假設的運用 ……………………………………（1）
　　實訓三　會計信息質量要求的運用 …………………………（2）
　　實訓四　單項選擇題 …………………………………………（3）
　　實訓五　多項選擇題 …………………………………………（4）

第二章　資金崗位核算實訓 ………………………………………（5）
　　實訓一　其他貨幣資金業務核算 ……………………………（5）
　　實訓二　現金使用範圍 ………………………………………（6）
　　實訓三　現金業務核算 ………………………………………（6）
　　實訓四　編製銀行存款餘額調節表 …………………………（7）
　　實訓五　單項選擇題 …………………………………………（8）
　　實訓六　多項選擇題 …………………………………………（9）

第三章　金融資產實訓 ……………………………………………（10）
　　實訓一　金融資產的分類 ……………………………………（10）
　　實訓二　交易性金融資產的初始確認 ………………………（10）
　　實訓三　交易性金融資產（股票）業務核算 ………………（11）
　　實訓四　交易性金融資產（債券）業務核算 ………………（12）
　　實訓五　持有至到期投資（溢價購入）業務核算 …………（13）
　　實訓六　持有至到期投資（折價購入）業務核算 …………（13）
　　實訓七　應收票據業務核算 …………………………………（14）
　　實訓八　商業匯票貼現核算（一） …………………………（15）
　　實訓九　商業匯票貼現核算（二） …………………………（15）

1

實訓十　壞帳損失的核算……………………………………………（16）
　　實訓十一　可供出售金融資產（債券）業務核算…………………（17）
　　實訓十二　可供出售金融資產（股票）業務核算…………………（18）
　　實訓十三　單項選擇題………………………………………………（19）
　　實訓十四　多項選擇題………………………………………………（19）

第四章　存貨及應付款項實訓……………………………………………（21）
　　實訓一　存貨初始計量………………………………………………（21）
　　實訓二　存貨購進的實際成本法核算………………………………（22）
　　實訓三　存貨購進的計劃成本法核算………………………………（23）
　　實訓四　存貨的發出（實際成本法）業務核算……………………（23）
　　實訓五　存貨的發出（計劃成本法）業務核算……………………（24）
　　實訓六　存貨期末計量………………………………………………（25）
　　實訓七　單項選擇題…………………………………………………（26）
　　實訓八　多項選擇題…………………………………………………（27）

第五章　長期股權投資實訓………………………………………………（28）
　　實訓一　長期股權投資的初始計量…………………………………（28）
　　實訓二　權益法下長期股權投資的業務核算………………………（28）
　　實訓三　成本法下長期股權投資的業務核算………………………（29）
　　實訓四　單項選擇題…………………………………………………（30）
　　實訓五　多項選擇題…………………………………………………（30）

第六章　固定資產實訓……………………………………………………（32）
　　實訓一　固定資產的確認與分類……………………………………（32）
　　實訓二　自營工程的核算……………………………………………（32）
　　實訓三　出包工程的核算……………………………………………（33）
　　實訓四　外購固定資產的核算………………………………………（34）

實訓五　固定資產的折舊範圍實訓 ……………………………………（35）
　　實訓六　固定資產折舊的實訓 ……………………………………………（36）
　　實訓七　固定資產日常維護的核算 ………………………………………（37）
　　實訓八　固定資產改擴建的核算 …………………………………………（38）
　　實訓九　處置固定資產的業務核算 ………………………………………（38）
　　實訓十　固定資產清查的業務核算 ………………………………………（39）
　　實訓十一　單項選擇題 ……………………………………………………（40）
　　實訓十二　多項選擇題 ……………………………………………………（41）

第七章　無形資產實訓 ……………………………………………………（42）
　　實訓一　無形資產的確認 …………………………………………………（42）
　　實訓二　無形資產的初始計量 ……………………………………………（42）
　　實訓三　無形資產的后續計量 ……………………………………………（43）
　　實訓四　處置無形資產的業務核算 ………………………………………（44）

第八章　借款費用實訓 ……………………………………………………（45）
　　實訓一　借款費用資本化（專門借款）實訓 ……………………………（45）
　　實訓二　借款費用資本化（一般借款）實訓 ……………………………（46）
　　實訓三　多項選擇題 ………………………………………………………（47）

第九章　負債實訓 …………………………………………………………（48）
　　實訓一　應付債券溢價發行實訓 …………………………………………（48）
　　實訓二　應付債券折價發行實訓 …………………………………………（49）
　　實訓三　應付債券平價發行實訓 …………………………………………（50）
　　實訓四　應付職工薪酬的實訓 ……………………………………………（50）
　　實訓五　應交稅費的實訓 …………………………………………………（56）
　　實訓六　單項選擇題 ………………………………………………………（57）
　　實訓七　多項選擇題 ………………………………………………………（58）

第十章　收入、費用、利潤實訓 ·· (60)

實訓一　應交企業所得稅實訓 ·· (60)
實訓二　分期收款銷售實訓 ·· (60)
實訓三　委託代銷商品（視同買斷）銷售實訓 ···················· (62)
實訓四　委託代銷商品（收取手續費）銷售實訓 ················ (62)
實訓五　銷售退回實訓 ·· (63)
實訓六　勞務收入實訓（一） ·· (64)
實訓七　勞務收入實訓（二） ·· (65)

第十一章　所有者權益實訓 ·· (66)

實訓一　實收資本（股本）增加實訓（一） ························ (66)
實訓二　實收資本（股本）增加實訓（二） ························ (67)
實訓三　利潤分配實訓 ·· (67)

第十二章　財務報告實訓 ·· (69)

中級財務會計技能實訓答案 ·· (77)

第一章　總論實訓

實訓一　會計要素的確認

一、【實訓目的】

通過本次實訓，掌握並理解會計要素的確認條件。

二、【實訓內容】

某企業在會計核算中存在以下事項：

（1）企業對以融資租賃方式租入的生產機器設備和以經營租賃方式租入的卡車在租賃開始日都作為固定資產的增加。

（2）由於與購貨方已合作多年，企業在明知購貨方目前經濟困難，無力支付貨款的情況下，決定繼續將產品銷售給對方，同時確認當期收入。

（3）企業將收到職工的遲到罰款確認為當期收入。

（4）企業將對地震災區的捐款確認為期間費用。

（5）企業將收到的職工工作服押金確認為負債。

三、【實訓要求】

請分析企業的上述事項處理是否正確？為什麼？

實訓二　會計假設的運用

一、【實訓目的】

通過本次實訓，理解並運用會計基本假設。

二、【實訓內容】

某企業屬於大型生產企業，共有 5 個產品生產車間和 2 個輔助生產車間，各車間符合獨立會計核算要求，同時各車間也相互提供產品或服務並進行相應會計核算。因此，有的人說該企業的每個生產車間都可以同時作為法律主體和會計主體。有的人說企業是一個法律主體，也是一個會計主體，但每個車間只能是會計主體，不能是法律主體。

三、【實訓要求】

根據上述資料，判斷上述說法是否正確。

實訓三　會計信息質量要求的運用

一、【實訓目的】

通過本次實訓，理解並運用會計信息質量要求。

二、【實訓內容】

某企業在會計核算中，存在以下事項：
（1）對企業的無形資產和固定資產均計提減值準備。
（2）對存貨期末計價採用成本與可變現淨值孰低法。
（3）對應收款項按應收帳款餘額百分比法計提壞帳準備。
（4）對於企業發生的某項支出，金額較小的，雖從支出收益期看可在若幹個會計期間進行分攤，但企業將其一次性計入當期損益。
（5）企業對以融資租賃方式租入的生產機器設備和以經營租賃方式租入的卡車這兩項固定資產在租賃期內每月均計提折舊。

三、【實訓要求】

（1）請分析企業的上述事項處理是否正確。
（2）分析資料中的各事項分別符合還是違反了會計信息質量要求中的哪條規定？為什麼？

實訓四　單項選擇題

1. 體現了會計核算空間範圍的會計假設是（　　）。
   A. 持續經營　　　　　　　　B. 會計分期
   C. 貨幣計量　　　　　　　　D. 會計主體
2. 由於（　　）假設，產生了權責發生制和收付實現制會計處理基礎。
   A. 持續經營　　　　　　　　B. 會計分期
   C. 貨幣計量　　　　　　　　D. 會計主體
3. 由於（　　）假設，才能夠對固定資產分期計提折舊和對有關長期待攤費用進行分期攤銷。
   A. 持續經營　　　　　　　　B. 會計分期
   C. 貨幣計量　　　　　　　　D. 會計主體
4. 貨幣計量假設的最重要作用是（　　）。
   A. 便於進行會計核算
   B. 便於不同企業之間提供的會計信息相互可比
   C. 便於政府監督企業
   D. 便於企業管理
5. 公司的工會派人到醫院看望公司生病的員工，在帳簿中沒有反應出來，體現了（　　）原則。
   A. 可靠性原則　　　　　　　B. 重要原則
   C. 可比性原則　　　　　　　D. 及時性原則
6. 下列（　　）行為可以確認為公司的資產。
   A. 公司以經營方式租入的廠房　　B. 公司以融資方式租入的設備
   C. 購買貨物尚未支付的貨款　　　D. 尚未繳納的上期增值稅
7. 公司將 8 月銷售的一批貨物沒有在當期確認收入，而是放在 10 月確認銷售收入，違背了（　　）原則。
   A. 重要性原則　　　　　　　B. 及時性原則
   C. 可靠性原則　　　　　　　D. 實質重於形式原則
8. 下列（　　）行為可以確認為收入。
   A. 享受現金折扣　　　　　　B. 銷售產品
   C. 按季取得銀行存款利息收入　D. 接受其他企業捐贈
9. 企業的銷售收入會導致企業（　　）。
   A. 負債的減少　　　　　　　B. 資產的減少
   C. 所有者權益的增加　　　　D. 資本公積的增加

實訓五　多項選擇題

1. 會計的四大假設是（　　）。
   - A. 持續經營
   - B. 會計分期
   - C. 貨幣計量
   - D. 會計主體
   - E. 收付實現制
   - F. 謹慎性原則
2. 下列（　　）體現了謹慎性原則。
   - A. 在物價上漲的情況下，存貨成本結轉採用后進先出法
   - B. 存貨成本結轉採用先進先出法
   - C. 對應收帳款計提減值準備
   - D. 對存貨計提減值準備
3. 企業的一項銷售行為能夠導致（　　）。
   - A. 資產的增加
   - B. 所有者權益的減少
   - C. 負債的增加
   - D. 所有者權益的增加
4. 企業的一項賒購行為能夠導致（　　）。
   - A. 資產的增加
   - B. 負債的增加
   - C. 資產的不變
   - D. 負債的減少

第二章　資金崗位核算實訓

實訓一　其他貨幣資金業務核算

一、【實訓目的】

（1）通過本次實訓，掌握其他貨幣資金的核算內容。
（2）通過本次實訓，掌握其他貨幣資金業務的會計處理。

二、【實訓內容】

某公司 2016 年 8 月發生如下經濟業務：

（1）委託銀行開出 50,000 元銀行匯票用於採購。採購 A 材料價款合計 42,000 元，取得了增值稅普通發票，增值稅稅率為 17%。材料已驗收入庫，多餘款項已經退回。

（2）匯款 80,000 元到外地設立採購專戶。採購結束，收到供貨單位開具的增值稅專用發票，發票上列明不含稅價款為 60,000 元，增值稅稅率為 17%，所購 B 材料已到貨並驗收入庫。採購專戶同時結清。

（3）向某證券公司劃款 20 萬元，委託其代購 B 公司即將發行的股票。

（4）委託銀行開出銀行匯票 50 萬元向甲公司採購 C 材料。當日，材料運到並驗收入庫，增值稅專用發票列示 C 材料不含稅價款為 40 萬元，增值稅稅率為 17%。匯票餘款尚未結清。

（5）將款項交存銀行，開立銀行本票，金額為 150,000 元。

（6）用銀行本票結算材料貨款，增值稅專用發票註明價款為 100,000 元，增值稅專用發票上列示增值稅為 17,000 元，共計 117,000 元。匯票餘款已結清。

三、【實訓要求】

根據上述業務編製相關會計分錄。

實訓二　現金使用範圍

一、【實訓目的】

通過本次實訓，掌握現金使用範圍。

二、【實訓內容】

某企業在 2016 年 7 月發生下列現金支付業務：
（1）支付銷售部職工張添差旅費 3,000 元。
（2）支付銀行承兌匯票手續費 1,000 元。
（3）支付李明困難補助 800 元。
（4）支付購置設備款 6,000 元。
（5）支付採購材料款 10,000 元。
（6）支付採購農副產品 1,800 元。
（7）支付職工高溫津貼 35,000 元。

三、【實訓要求】

根據上述資料，逐項判斷是否符合現金開支範圍的有關規定。

實訓三　現金業務核算

一、【實訓目的】

通過本次實訓，掌握現金業務的會計處理。

二、【實訓內容】

某企業在 2016 年 8 月發生下列現金支付業務：
（1）8 月 6 日，從銀行提取現金 90,000 元，以備發放本月工資。
（2）8 月 7 日，以銀行存款支付生產車間業務招待費 800 元。
（3）8 月 9 日，以現金發放職工上個月的工資 90,000 元。
（4）8 月 12 日，銷售部張蘭出差預借差旅費 900 元，以現金支付。

（5）8月14日，公司以現金方式收到零星銷售款2,340元（增值稅稅率為17%）。

（6）8月18日，銷售部職工李宏出差預借差旅費1,000元，以現金支付。李宏出差回來后報銷費用850元，並交來餘款150元。

（7）8月23日，以現金支付公司管理部門第四季度的報紙雜誌費600元。

（8）8月31日，庫存現金清查中發現短缺20元，清查核實后仍無法查明原因，責成出納人員李明賠償。

三、【實訓要求】

根據上述業務編製相關會計分錄。

實訓四　編製銀行存款餘額調節表

一、【實訓目的】

（1）通過本次實訓，理解未達帳項的含義。
（2）通過本次實訓，掌握銀行存款餘額調節表的編製。

二、【實訓內容】

某企業2016年8月31日銀行存款日記帳餘額為362,500元，而銀行對帳單餘額為368,200元。經與銀行對帳，該企業發現有以下幾筆未達帳項：

（1）銷售產品，收到貨款5,000元，支票已送存銀行，銀行尚未記帳。
（2）用銀行存款支付廣告費10,000元，轉帳支票已開出，銀行尚未記帳。
（3）本月水電費2,800元，銀行已劃出，企業尚未記帳。
（4）環宇公司償付前欠貨款3,500元，銀行已收入企業帳戶，企業尚未記帳。

三、【實訓要求】

根據以上資料編製企業銀行存款餘額調節表，並加以分析說明。

實訓五　單項選擇題

1. 銀行存款餘額表（　　）。
   A. 可以作為付款的原始憑證
   B. 可以作為收款的原始憑證
   C. 不可以作為原始憑證
   D. 可以根據銀行存款餘額表編製記帳憑證。
2. 信用卡存款放在（　　）科目中進行核算。
   A.「銀行存款」　　　　　　　　B.「其他貨幣資金」
   C.「庫存現金」　　　　　　　　D.「預付帳款」
3. 企業庫存現金的最高限額一般為（　　）零星日常開支。
   A. 12 天　　　　　　　　　　　B. 3 至 5 天
   C. 15 天　　　　　　　　　　　D. 16 天
4. 銀行匯票提示付款期限自出票日起最長不得超過（　　）個月。
   A. 1 個月　　　　　　　　　　　B. 2 個月
   C. 3 個月　　　　　　　　　　　D. 4 個月
5. 企業向銀行申請開具銀行匯款或銀行本票所支付的手續費記入（　　）帳戶中。
   A.「管理費用」　　　　　　　　B.「銷售費用」
   C.「製造費用」　　　　　　　　D.「財務費用」
6. 銷售部張三出差回來報銷的差旅費記入（　　）科目中。
   A.「財務費用」　　　　　　　　B.「銷售費用」
   C.「管理費用」　　　　　　　　D.「製造費用」
7. 公司現金盤盈后，在批准處理前，貸方首先記入（　　）科目中。
   A.「營業外收入」　　　　　　　B.「待處理財產損溢」
   C.「管理費用」　　　　　　　　D.「其他業務收入」
8. 企業申請辦理的銀行本票先放在（　　）科目中進行會計處理。
   A.「銀行存款」　　　　　　　　B.「其他貨幣資金」
   C.「預付帳款」　　　　　　　　D.「應收帳款」
9. 無法查明原因的現金盤虧可以放在（　　）科目中進行處理。

A.「營業外支出」　　　　　　B.「管理費用」
C.「財務費用」　　　　　　　D.「銷售費用」

10. 因採購業務的需要，匯款到異地放在採購專戶的資金，應在（　　）科目中進行會計核算。

A.「銀行存款」　　　　　　　B.「應收票據」
C.「應收帳款」　　　　　　　D.「其他貨幣資金」

實訓六　多項選擇題

1. 下列（　　）銀行結算方式需要通過「其他貨幣資金」科目進行核算。
   A. 銀行本票　　　　　　　B. 銀行匯票
   C. 商業匯票　　　　　　　D. 外埠存款

2. 銀行結算帳戶可以分為（　　）。
   A. 基本存款帳戶　　　　　B. 一般存款帳戶
   C. 專用存款帳戶　　　　　D. 臨時存款帳戶

3. 下列各項中，（　　）不通過「其他貨幣資金」科目進行核算。
   A. 信用卡存款　　　　　　B. 信用證存款
   C. 商業承兌匯票　　　　　D. 銀行承兌匯票

4. 可以用於異地結算的方式有（　　）。
   A. 銀行本票　　　　　　　B. 銀行匯票
   C. 匯兌　　　　　　　　　D. 商業票據

第三章　金融資產實訓

實訓一　金融資產的分類

一、【實訓目的】

通過本次實訓，掌握金融資產的含義及其分類。

二、【實訓內容】

某企業在 2016 年 7 月發生下列投資業務，並已記入「持有至到期投資」科目中：
(1) 1 日，購入 2016 年 1 月 1 日發行的 5 年期債券，企業準備持有一年後出售。
(2) 1 日，購入當天發行的 1 年期債券，企業決定並有能力將債券持有至到期。
(3) 15 日，購入 2016 年 1 月 1 日發行的 3 年期債券，企業準備持有兩年後出售。
(4) 20 日，購入某上市公司股票 1,000 股，企業準備在近期內出售。

三、【實訓要求】

根據上述資料，逐項判斷是否符合金融資產分類的有關規定。

實訓二　交易性金融資產的初始確認

一、【實訓目的】

通過本次實訓，掌握交易性金融資產的初始確認及其會計處理。

二、【實訓內容】

某公司認購 C 公司普通股股票 1,000 股，每股面值 10 元，實際買價為每股 11 元，其中包含已宣告發放但尚未領取的現金股利 500 元，另外支付相關費用 100 元，公司將該批股票作為交易性金融資產核算和管理。

三、【實訓要求】

（1）根據上述資料，計算該項投資的初始成本。
（2）根據上述資料，編製相關會計分錄。

實訓三　交易性金融資產股票業務核算

一、【實訓目的】

（1）通過本次實訓，掌握交易性金融資產的初始確認及其會計處理。
（2）通過本次實訓，掌握交易性金融資產的持有期間收益確認及其會計處理。
（3）通過本次實訓，掌握交易性金融資產的期末計量。
（4）通過本次實訓，掌握處置交易性金融資產的業務處理。

二、【實訓內容】

2015年5月11日，甲企業購入10萬股股票，每股市價10元，甲企業將其劃分為交易性金融資產。取得時甲企業實際支付價款106萬元（包含已宣告發放的現金股利5萬元、交易費用1萬元）。2015年5月16日，甲企業收到最初支付價款中包含的現金股利5萬元。2015年12月31日，該股票公允價值為112萬元。2016年3月6日，甲企業收到現金股利3萬元。2015年5月8日，甲企業將該股票處置，售價120萬元，不考慮其他費用。

三、【實訓要求】

（1）根據上述資料，編製相關會計分錄。
（2）根據上述資料，計算該項投資的投資收益總額。

實訓四　交易性金融資產債券業務核算

一、【實訓目的】

(1) 通過本次實訓，掌握交易性金融資產的初始確認及其會計處理。
(2) 通過本次實訓，掌握交易性金融資產的持有期間收益確認及其會計處理。
(3) 通過本次實訓，掌握交易性金融資產的期末計量。
(4) 通過本次實訓，掌握交易性金融資產帳面價值的計算。
(5) 通過本次實訓，掌握處置交易性金融資產的業務處理。

二、【實訓內容】

2015 年 7 月 1 日，乙公司購入面值為 100 萬元、年利率為 4%的 A 債券，取得時的價款為 102 萬元（含已到付息期但尚未領取的利息 2 萬元），另支付交易費用 0.5 萬元。乙公司將該項金融資產劃分為交易性金融資產。2015 年 12 月 31 日，A 債券的公允價值為 106 萬元。2016 年 1 月 5 日，乙公司收到 A 債券 2015 年度的利息 4 萬元。2016 年 2 月 3 日，乙公司出售 A 債券，售價為 108 萬元。

三、【實訓要求】

(1) 根據上述資料，編製相關會計分錄。
(2) 計算 2015 年 12 月 31 日該項投資的帳面價值。

實訓五　持有至到期投資溢價購入業務核算

一、【實訓目的】

（1）通過本次實訓，掌握持有至到期投資的初始確認及其會計處理。
（2）通過本次實訓，掌握持有至到期投資的持有期間收益確認及其會計處理。
（3）通過本次實訓，掌握持有至到期投資到期時的業務處理。

二、【實訓內容】

2014 年 1 月 1 日，乙公司用 3,083.265 萬元購入一批期限為 3 年的一次到期還本付息的公司債券。該債券票面年利率為 5%，實際利率為 4%，面值為 3,000 萬元。乙公司將其確認為持有至到期投資。

三、【實訓要求】

根據上述資料，編製該項持有至到期投資從投資時至到期日的相關會計分錄。

實訓六　持有至到期投資折價購入業務核算

一、【實訓目的】

（1）通過本次實訓，掌握持有至到期投資的初始確認及其會計處理。
（2）通過本次實訓，掌握持有至到期投資的持有期間收益確認及其會計處理。
（3）通過本次實訓，掌握持有至到期投資出售時的業務處理。

二、【實訓內容】

2011 年 1 月 1 日，甲公司支付價款 11,000.29 元從活躍市場上購入某公司 5 年期

債券，面值為12,500元，票面利率為5%，按年支付利息，通過計算，該債券實際利率為8%。乙公司將其確認為持有至到期投資。

三、【實訓要求】

根據上述資料，編製該項持有至到期投資從投資時至出售時的相關會計分錄。

實訓七　應收票據業務核算

一、【實訓目的】

（1）通過本次實訓，掌握商業匯票到期日的確認和到期值的計算。
（2）通過本次實訓，掌握取得商業匯票的會計處理。
（3）通過本次實訓，掌握商業匯票到期時的會計處理。

二、【實訓內容】

廣州A公司2016年2月28日銷售產品一批給廣州B公司，不含稅售價為10,000元，增值稅為1,700元，收到廣州B公司一張期限為6個月、年利率為9%、面值為11,700元的商業承兌匯票。票據到期時，廣州A公司收到廣州B公司承兌的款項並存入銀行。

三、【實訓要求】

（1）根據資料，確定該票據的到期日、到期值。
（2）編製商業匯票取得時和到期時的會計分錄。

實訓八　商業匯票貼現核算(一)

一、【實訓目的】

(1) 通過本次實訓，掌握商業匯票到期日和貼現日的確認。
(2) 通過本次實訓，掌握到期值、貼現息、貼現淨額的計算。
(3) 通過本次實訓，掌握商業匯票貼現的相關會計處理。

二、【實訓內容】

廣州甲公司於 2016 年 12 月 1 日因銷售商品給廣州乙公司，取得一張面值為 20,000 元、期限為 3 個月、票面利率為 3% 的商業承兌匯票。廣州甲公司持有該商業承兌匯票 2 個月後向銀行申請貼現，貼現率為 6%。該票據到期後，承兌方如期承兌。增值稅稅率為 17%。

三、【實訓要求】

(1) 根據資料，計算貼現淨額。
(2) 根據資料，編製相關會計分錄。

實訓九　商業匯票貼現核算(二)

一、【實訓目的】

(1) 通過本次實訓，掌握商業匯票到期日的確認和到期值的計算。
(2) 通過本次實訓，掌握取得商業匯票的會計處理。
(3) 通過本次實訓，掌握商業匯票到期時的會計處理。

二、【實訓內容】

廣州甲公司於 2016 年 12 月 1 日銷售商品給上海乙公司。上海乙公司於 2016 年 12 月 2 日向廣州甲公司開具了一張面值為 20,000 元的商業票據。該商票據的到期日為 2017 年 4 月 16 日，票面利率為 3%。廣州甲公司於 2016 年 12 月 16 日向銀行申請貼

現，貼現率為6%。該票據到期後，承兌方如期承兌。增值稅稅率為17%。

三、【實訓要求】

（1）根據資料，計算到期值、貼現息、貼現淨額。
（2）根據資料，編製相關會計分錄。

實訓十　壞帳損失的核算

一、【實訓目的】

（1）通過本次實訓，掌握計提壞帳準備的會計處理。
（2）通過本次實訓，掌握壞帳損失的核算。

二、【實訓內容】

2016年1月1日，甲企業應收帳款餘額為3,000,000元，壞帳準備貸方餘額為15,000元。

2016年度，甲企業發生了如下相關業務：

（1）銷售商品一批，增值稅專用發票上註明的價款為5,000,000元，增值稅稅額為850,000元，貨款尚未收到。
（2）因某客戶破產，該客戶所欠貨款10,000元不能收回，確認為壞帳損失。
（3）收回上年度已轉銷為壞帳損失的應收帳款8,000元並存入銀行。
（4）收到某客戶以前所欠的貨款400,000元並存入銀行。
（5）2016年12月31日，甲公司對應收帳款進行減值測試，確定按0.5%的比例計提壞帳準備。

三、【實訓要求】

（1）根據上述資料（1）~（4）編製相關的會計分錄。
（2）根據上述資料計算甲公司2016年年末應計提的壞帳準備，並編製計提壞帳準備的會計分錄。

實訓十一　可供出售金融資產債券業務核算

一、【實訓目的】

（1）通過本次實訓，掌握可供出售金融資產的初始確認及其會計處理。
（2）通過本次實訓，掌握可供出售金融資產的持有期間收益確認及其會計處理。
（3）通過本次實訓，掌握可供出售金融資產出售時的業務處理。

二、【實訓內容】

2012年1月1日甲公司支付價款115.520,5萬元購入同日發行的面值為125萬元、票面利率為8%、每年付息一次、到期還本的5年期B公司債券。債券的實際利率為10%。甲公司沒有意圖將該債券持有至到期，劃分為可供出售金融資產。2013年1月1日，甲公司將該債券全部出售，取得價款122萬元。

三、【實訓要求】

根據上述資料，編製該項投資從投資時至出售時的相關會計分錄。

實訓十二　可供出售金融資產股票業務核算

一、【實訓目的】

（1）通過本次實訓，掌握可供出售金融資產的初始確認及其會計處理。
（2）通過本次實訓，掌握可供出售金融資產的持有期間收益確認及其會計處理。
（3）通過本次實訓，掌握可供出售金融資產的期末計量。
（4）通過本次實訓，掌握可供出售金融資產出售時的業務處理。

二、【實訓內容】

甲公司於 2014 年 12 月 3 日以 200 萬元從證券市場上購入乙公司發行的股票，並劃分為可供出售金融資產。該股票當年年末的公允價值為 206 萬元。2015 年 12 月 31 日，該股票的公允價值為 192 萬元，由於乙公司盈利能力下降，股價持續下跌，根據測算，其價值為 160 萬元。2016 年 3 月 26 日，甲公司出售該股票，取得淨收入 190 萬元。

三、【實訓要求】

根據上述資料，編製該項投資從投資時至出售時的相關會計分錄。

實訓十三　單項選擇題

1. 企業取得交易性金融資產時，所支付的手續費等交易性費用，應當記入（　）會計科目中。
　　A.「交易性金融資產」　　　　B.「投資收益」
　　C.「財務費用」　　　　　　　D.「營業外支出」

2. 企業取得持有至到期投資時，所支付的手續費等交易性費用，應當記入（　）會計科目中。
　　A.「投資收益」　　　　　　　B.「資本公積」
　　C.「財務費用」　　　　　　　D.「持有至到期投資」

3. 在持有交易性金融資產期間，發生的價值增減變動，應當通過（　）會計科目核算。
　　A.「公允價值變動損益」　　　B.「資本公積」
　　C.「投資收益」　　　　　　　D.「本年利潤」

4. 在持有可供出售金融資產期間，發生的價值增減變動，應當通過（　）會計科目核算。
　　A.「公允價值變動損益」　　　B.「資本公積」
　　C.「投資收益」　　　　　　　D.「本年利潤」

5. 計提壞帳準備時，借方應當記入（　）會計科目中。
　　A.「管理費用」　　　　　　　B.「資產減值損失」
　　C.「壞帳準備」　　　　　　　D.「投資收益」

6. 企業將持有的商業票據進行貼現，所支付的貼現息應當記入（　）會計科目中。
　　A.「管理費用」　　　　　　　B.「營業外支出」
　　C.「製造費用」　　　　　　　D.「財務費用」

7. 預收帳款在不經常發生的情況下，企業收到的預收帳款可以通過（　）會計科目進行核算。
　　A.「應付帳款」　　　　　　　B.「預付帳款」
　　C.「應收帳款」　　　　　　　D.「應付票據」

實訓十四　多項選擇題

1. 企業在年末可以根據（　）帳戶的期末餘額計提壞帳準備。
　　A.「應收票據」　　　　　　　B.「預收帳款」
　　C.「應收帳款」　　　　　　　D.「其他應收帳」

2. 下列（　　）具有共同點，即將取得時所發生手續費等交易費用計入其取得成本中。

  A. 交易性金融資產　　　　　　B. 可供出售金融資產
  C. 持有至到期投資　　　　　　D. 長期股權投資

3. （　　）只能在「應收票據」會計科目中進行核算。

  A. 商業承兌匯票　　　　　　　B. 銀行匯票
  C. 銀行承兌匯票　　　　　　　D. 銀行本票

4. 「壞帳準備」科目借方反應的是（　　）。

  A. 發生的壞帳損失　　　　　　B. 衝回前期多計提的壞帳準備金額
  C. 計提的本期壞帳準備金額　　D. 補提的前期少計提壞帳準備金額

第四章　存貨及應付款項實訓

實訓一　存貨初始計量

一、【實訓目的】

（1）通過本次實訓，掌握存貨的確認條件及存貨的分類。
（2）通過本次實訓，掌握存貨的初始計量。

二、【實訓內容】

某企業是增值稅一般納稅人，其增值稅稅率為17%，2016年9月發生以下有關存貨的業務：

（1）9月3日購入A材料1,000千克，收到的增值稅專用發票上註明的不含稅單價為每千克100元，增值稅為17,000元，款項已通過銀行轉帳支付，並用現金支付運雜費2,000元，沒有取得增值稅專用發票，材料已驗收入庫。

（2）9月10日發出一批商品價值100,000元（不含稅），採用收取手續費方式委託外單位銷售。

（3）9月15日購入B材料500千克，收到的增值稅專用發票上註明的單價為每千克不含稅成本為200元，增值稅為17,000元，款項已通過銀行轉帳支付，材料尚未驗收入庫。期初存貨餘額是20萬元。

三、【實訓要求】

（1）根據資料，分析本月該企業存貨是否發生減少？是否發生增加？
（2）根據資料，計算本月增加的存貨金額和期末存貨餘額。

實訓二　存貨購進的實際成本法核算

一、【實訓目的】

通過本次實訓，掌握存貨購進在實際成本法下的具體會計處理。

二、【實訓內容】

某企業 2016 年 3 月發生以下經濟業務：

（1）3 月 1 日向銀行存入 300,000 元辦理外埠存款。

（2）3 月 4 日從外地購進 A 材料，取得增值稅專用發票，發票上註明不含稅價款為 250,000 元，增值稅為 42,500 元。支付外地運費 5,000 元（不含增值稅），取得了增值稅專用發票。材料已驗收入庫。該企業用其辦理的外埠存款支付所有款項。

（3）3 月 6 日收到銀行的收款通知，已收回外埠存款的餘款。

（4）3 月 12 日購入 B 材料 1,000 千克，收到的增值稅專用發票上註明的不含稅單價為每千克 100 元，增值稅為 17,000 元，另發生運輸費用 3,000 元（含增值稅），取得了增值稅專用發票，增值稅稅率為 11%。原材料運抵企業後，驗收入庫原材料為 998 千克，運輸途中發生合理損耗 2 千克。款項未付。

（5）3 月 23 日從外地購進 C 材料，材料已驗收入庫，月末發票帳單尚未收到也無法確定其實際成本，暫估價值 33,000 元。4 月 13 日結算憑證到達，不含稅的價款為 30,000元，增值稅專用發票上的稅款為 5,100 元，貨款以銀行存款支付。

（6）3 月 24 日購進一批貨物，取得增值稅普通發票一張，增值稅稅率為 17%，不含稅的材料買價為 100,000 元，增值稅為 17,000 元，款項已經通過銀行支付。材料已經驗收入庫。

（7）3 月 25 日從某一小規模納稅人購進某種貨物一批，取得了國稅機關代開的增值稅發票一張，價款共計 6,000 元，材料已經驗收入庫，款項已經通過銀行支付。

三、【實訓要求】

根據上述資料，編製相關會計分錄。

實訓三　存貨購進的計劃成本法核算

一、【實訓目的】

通過本次實訓，掌握計劃成本法下存貨購進的會計處理。

二、【實訓內容】

A 企業為增值稅一般納稅人，增值稅稅率為 17%，原材料按計劃成本核算。2016 年 9 月 A 企業發生了以下經濟業務：

（1）9 月 6 日購入甲材料 1,000 千克，增值稅專用發票註明的材料價款為 70,400 元，增值稅稅額為 11,968 元，企業驗收入庫時實收 980 千克，短少的 20 千克為運輸途中定額消耗。材料驗收入庫，款項未付。甲材料計劃單位成本為每千克 70 元。

（2）9 月 8 日購進乙材料 1,000 千克，每千克不含稅的買價為 80 元，增值稅稅率為 17%，取得了增值稅專用發票，每千克的計劃成本為 72 元。材料已經驗收入庫，於同時開出了一張為期 3 個月的商業承兌匯票支付貨款。

三、【實訓要求】

根據上述資料，編製相關會計分錄。

實訓四　存貨的發出實際成本法業務核算

一、【實訓目的】

通過本次實訓，掌握實際成本法下發出存貨的成本計算及會計處理。

二、【實訓內容】

某公司 2016 年 1 月庫存 A 商品明細帳部分記錄如表 4-1 所示。

表 4-1　　　　　　某公司 2016 年 1 月庫存 A 商品明細帳（部分）

2014 年		憑證編號	摘要	收入		發出		結存	
月	日			數量（千克）	單價（元）	數量（千克）	單價（元）	數量（千克）	單價（元）
1	1	略	期初餘額					500	12
	5		購入	800	14			1,300	
	12		發出			900		400	
	15		發出			200		200	
	28		購入	600	17			800	
	29		發出			300		500	

三、【實訓要求】

分別採用先進先出法、月末一次加權平均法和移動加權平均法計算本期發出 A 商品的金額和期末庫存 A 商品的金額（列出計算過程，分配率計算保留四位小數）。

實訓五　存貨的發出計劃成本法業務核算

一、【實訓目的】

通過本次實訓，掌握計劃成本法下發出存貨的成本計算及會計處理。

二、【實訓內容】

甲企業購入 A 材料，2014 年 10 月 1 日有關帳戶的期初餘額如下：
（1）原材料帳戶：A 材料 2,000 千克，計劃單價 10 元，金額 20,000 元。
（2）材料成本差異帳戶（貸方餘額）：800 元。
（3）該企業 10 月份發生下列有關經濟業務：

①1 日銀行轉來乙公司的托收憑證，金額為 19,710 元，內附增值稅專用發票一張，開列 A 材料 1,500 千克，每千克不含稅的價格為 11 元，貨款計 16,500 元，增值稅為 2,805 元；運費發票一張，不含稅金額為 405 元，取得了增值稅專用發票，增值稅稅率為 11%。次日，倉庫轉來收料單，1 日購入的 A 材料已到並驗收入庫，予以轉帳。

②6 日向丙企業賒購 A 材料 3,000 千克，金額為 32,090 元，取得了增值稅專用發票，不含稅貨款計 27,000 元，增值稅為 4,590 元，運費（含稅）為 500 元，取得了增值稅普通發票。款項沒有支付。

③15 日銀行轉來丙企業有關托收憑證，金額為 28,080 元，內附增值稅專用發票一張，開列 A 材料 2,000 千克，不含稅貨款為 24,000 元，增值稅為 4,080 元，運雜費由對方承付，經審核無誤，予以支付。材料還沒有入庫。

④18 日倉庫轉來通知，14 日從丙企業發來的 A 材料到達，並準備驗收入庫，入庫盤點時發現短缺 200 千克，其中 50 千克屬於正常損耗，150 千克由運輸單位負責（假設該材料市價與成本價相同）。

⑤本月共發出 A 材料 5,200 千克，全部用於生產產品領用。

三、【實訓要求】

（1）根據上述資料，進行有關會計處理。

（2）計算材料成本差異率（材料成本差異率計算保留四位小數）。

（3）將本月發出的材料計劃成本調整為實際成本，並編製相關的會計分錄（計算結果四捨五入，保留兩位小數）。

實訓六　存貨期末計量

一、【實訓目的】

通過本次實訓，掌握存貨期末計量的會計處理。

二、【實訓內容】

　　某企業 2013 年年初甲存貨的跌價準備為零，2013 年年末甲存貨的實際成本為 80,000元，可變現淨值為 77,000 元。假設其后各年甲存貨的成本沒變，可變現淨值分別為：2014 年年末，可變現淨值為 73,000 元；2015 年年末，可變現淨值為 77,500 元；2016 年年末，可變現淨值為 81,000 元。

三、【實訓要求】

　　根據上述資料，計算各年應提取或應衝減的存貨跌價準備並編製相關的會計分錄。

實訓七　單項選擇題

1. 在物價持續下降的情況下，採用（　　）結轉的存貨成本最低。
   A. 先進先出法　　　　　　　　B. 后進先出法
   C. 加權平均法　　　　　　　　D. 個別計價法
2. 採用（　　）結轉存貨成本體現了謹慎性原則。
   A. 先進先出法　　　　　　　　B. 后進先出法
   C. 加權平均法　　　　　　　　D. 個別計價法
3. 對於企業管理不善造成的盤虧，無法查明原因，應當由企業來承擔，記入（　　）會計科目中。
   A.「管理費用」　　　　　　　　B.「營業外支出」
   C.「銷售費用」　　　　　　　　D.「主營業務成本」
4. 下列（　　）發生的費用應當記入「營業外支出」會計科目中。
   A. 管理不善所造成的盤虧　　　B. 在運輸途中發生的定額內損耗
   C. 人為原因造成的盤虧　　　　D. 自然災害原因造成的盤虧
5. 下列發生的（　　）費用一般不計入存貨成本。
   A. 購進過程中發生的定額內損耗　　B. 購進過程中發生的貨物運費
   C. 購進過程中所支付的增值稅　　　D. 入庫前發生的挑選整理費用
6. 計提存貨跌價準備，在一般情況下，其借方應記入（　　）會計科目中。
   A.「營業外支出」　　　　　　　B.「管理費用」
   C.「資產減值損失」　　　　　　D.「其他業務成本」

7. 某公司為增值稅一般納稅人，於 2014 年 8 月 15 日購入材料一批，取得了增值稅普通發票一張，其不含稅買價為 50,000 元，增值稅稅額為 8,500 元，發生運輸費用 3,000元（不含增值稅），取得了增值稅專用發票，該項貨物的入帳成本為（　　）元。
  A. 53,000　　　　　　　　　　B. 61,500
  C. 52,790　　　　　　　　　　D. 61,290

8. 某企業對原材料採用計劃成本進行會計核算，對於月底材料已到，但發票帳單還沒有到達的貨物，其借方金額應通過（　　）會計科目進行處理。
  A.「原材料」　　　　　　　　B.「材料採購」
  C.「應收帳款」　　　　　　　D.「在途物資」

實訓八　多項選擇題

1. 下列各項中，屬於存貨的有（　　）。
  A. 委託加工物資　　　　　　　B. 委託代銷商品
  C. 生產成本　　　　　　　　　D. 原材料
2. 可以計入存貨成本的費用有（　　）。
  A. 合理的途中損耗
  B. 入庫前的挑選整理費
  C. 購進貨物取得增值稅普通發票時所支付的進項稅額
  D. 購進貨物取得增值稅專用發票時所支付的進項稅額
3. 在採用計劃成本核算時，涉及的會計科目有（　　）。
  A.「在途物資」　　　　　　　B.「原材料」
  C.「材料採購」　　　　　　　D.「材料成本差異」
4. 在採用實際成本核算的方法下，存貨的結轉方法有（　　）。
  A. 材料成本差異率　　　　　　B. 先進先出法
  C. 加權平均法　　　　　　　　D. 個別計價法
5. 材料成本差異帳戶的貸方表示（　　）。
  A. 購進貨物時產生的節約額　　B. 結轉的材料成本差異超支額
  C. 購進貨物時產生的超支額　　D. 結轉的材料成本差異節約額

第五章　長期股權投資實訓

實訓一　長期股權投資的初始計量

一、【實訓目的】

通過本次實訓，掌握長期股權投資初始計量的會計處理。

二、【實訓內容】

2014年1月1日，丁公司支付現金110萬元給丙公司，受讓丙公司持有的甲公司55%的股權，受讓股權時甲公司的所有者權益帳面價值為200萬元，公允價值為205萬元。

三、【實訓要求】

(1) 如果丙、丁公司同受甲公司的控制，編製丁公司取得長期股權投資時的會計分錄。

(2) 如果丙、丁公司之間不存在關聯關係，編製丁公司取得長期股權投資時的會計分錄。

實訓二　權益法下長期股權投資的業務核算

一、【實訓目的】

通過本次實訓，掌握在權益法下長期股權投資的會計處理。

二、【實訓內容】

2012年12月1日，H公司用銀行存款購入A公司30%的股票，計劃長期持有。初始投資成本為165萬元，採用權益法核算。投資時A公司可辨認淨資產的公允價值為

600 萬元。2014 年 A 公司實現淨利潤 150 萬元，2015 年年初 A 公司宣告分配現金股利 100 萬元，2015 年 A 公司發生虧損 200 萬元。

三、【實訓要求】

（1）根據上述資料，編製相關會計分錄。

（2）根據上述資料，分別計算 2014 年年末、2015 年年末 H 公司該項長期股權投資的帳面價值。

實訓三　成本法下長期股權投資的業務核算

一、【實訓目的】

通過本次實訓，掌握在成本法下長期股權投資的會計處理。

二、【實訓內容】

F 公司向 D 公司投資，有關投資情況如下：

（1）2014 年 12 月 1 日，F 公司支付銀行存款 1,200 萬元給 B 公司，受讓 B 公司持有的 D 公司 60%的股權（具有重大影響），採用成本法核算。假設未發生直接相關費用和稅金。受讓股權時 D 公司的可辨認資產公允價值為 1,800 萬元。

（2）2014 年 12 月 31 日，D 公司 2014 年實現的淨利潤為 600 萬元。

（3）2015 年 2 月 5 日，D 公司宣告分配現金股利 200 萬元，A 公司於 4 月 15 日收到。

（4）2015 年 D 公司發生虧損 2,000 萬元。

（5）2016 年 1 月 28 日，F 公司經協商，將持有的 D 公司的全部股權轉讓給丁企業，收到股權轉讓款 800 萬元。

三、【實訓要求】

根據上述資料，編製 F 公司相關會計分錄。

實訓四　單項選擇題

1. 在同一控制下的合併，投資成本應當按（　　）入帳。
   A. 被投資企業的帳面價值　　　　B. 被投資企業的公允價值
   C. 實際投入資產的成本　　　　　D. 實際投資資產的公允價值
2. 在同一控制下的合併，若被投資企業的帳面價值小於其公允價值的差額，按持股比例進行計算，投資方應當將此差額記入（　　）會計科目中。
   A. 「營業外收入」　　　　　　　B. 「資本公積」
   C. 「營業外支出」　　　　　　　D. 「盈餘公積」
3. 在非同一控制下的合併，若被投資企業的資產的帳面價值小於公允價值的差額，按持股比例進行計算，投資方應當將此差額記入（　　）會計科目中。
   A. 「營業外支出」　　　　　　　B. 「資本公積」
   C. 「投資收益」　　　　　　　　D. 「營業外收入」
4. 企業合併以外其他方式取得的長期股權投資，若是以支付現金取得的長期股權投資，應當按照（　　）作為初始投資成本。
   A. 實際支付的購買價
   B. 被投資方淨資產的帳面價值乘以持股比例
   C. 被投資方淨資產的公允價值乘以持股比例
   D. 被投資方淨資產的公允價值
5. 當企業之間存在如下（　　）關係，採用成本法進行會計處理。
   A. 共同控制　　　　　　　　　　B. 重大影響
   C. 控制　　　　　　　　　　　　D. 無控制、無共同控制且無重大影響

實訓五　多項選擇題

1. 當企業之間存在（　　）關係，採用權益法進行會計處理。
   A. 共同控制　　　　　　　　　　B. 重大影響
   C. 控制　　　　　　　　　　　　D. 無控制、無共同控制且無重大影響

2. 以合併方式為基礎的企業合併分類可以分為（　　）。
　　A. 控制合併　　　　　　　　B. 吸收合併
　　C. 註銷合併　　　　　　　　D. 新設合併
3. 以是否在同一控制下進行合併為基礎對企業合併的分類可以分為（　　）。
　　A. 同一控制下合併　　　　　B. 非同一控制下合併
　　C. 吸收合併　　　　　　　　D. 新設合併

第六章　固定資產實訓

實訓一　固定資產的確認與分類

一、【實訓目的】

（1）通過本次實訓，掌握固定資產的確認條件。
（2）通過本次實訓，掌握固定資產的分類。

二、【實訓內容】

丁公司將辦公樓、廠房、職工宿舍、各車間的生產設備以及以經營租賃方式租入的倉庫歸類為生產經營用的固定資產；將辦公設備和各車間、辦公室的電風扇歸類為非生產經營用的固定資產；將過去已經估價並單獨入帳的土地歸類為無形資產。

三、【實訓要求】

根據上述資料，分析判斷該公司對固定資產的確認和分類是否正確，為什麼？

實訓二　自營工程的核算

一、【實訓目的】

通過本次實訓，掌握自營工程的會計處理。

二、【實訓內容】

2016年2月，丙公司準備自行建造廠房一幢，為此購入工程物資一批，增值稅專用發票上註明的價款為500,000元，增值稅稅額為85,000元，款項以銀行存款支付，物資全部投入工程建設。工程領用生產用原材料一批，成本為30,000元，當時購進時取得了增值稅專用發票，增值稅稅率為17%。工程領用本企業生產的鋼材一批，實際

成本為 240,000 元，稅務部門確定的計稅價格為 300,000 元，增值稅稅率為 17%。另外，在建造過程中，應付工程人員工資 150,000 元。6 月末，工程達到預定可使用狀態。

三、【實訓要求】

根據上述資料，編製相關會計分錄。

實訓三　出包工程的核算

一、【實訓目的】

通過本次實訓，掌握出包工程的會計處理。

二、【實訓內容】

2016 年 2 月甲公司建造一棟樓房，出包給某建築企業，工程總造價為 2,000,000 元。根據出包合同的規定，2 月 1 日預付工程總造價的 60%，其餘價款工程完工驗收合格后付清。2016 年 12 月 25 日工程完工，甲公司已驗收並支付餘款，工程達到預計可使用狀態。

三、【實訓要求】

根據上述資料，編製相關會計分錄。

實訓四　外購固定資產的核算

一、【實訓目的】

通過本次實訓，掌握外購固定資產的會計處理。

二、【實訓內容】

某公司 2016 年發生了以下經濟業務：

（1）1 月 1 日購進一臺不需要安裝的生產設備，不含稅的買價是 800,000 元，取得了增值稅專用發票，稅額為 136,000 萬元，款項以銀行存款支付，使用部門為生產車間，預計使用年限為 15 年，清理費用為 20,000 元，殘值收入為 30,000 元。該生產設備生產的產品需要繳納增值稅。

（2）1 月 2 日購進格力空調一臺，不含稅的買價是 20,000 元，取得了增值稅專用發票，稅額為 3,400 元，款項以銀行存款支付，使用部門是財務部，預計使用年限為 6 年，殘值收入為 1,000 元。

（3）1 月 3 日從某小規模納稅人處購入生產設備甲，價款共計 12,000 元，款項還沒有支付，使用部門為生產車間，預計使用年限為 15 年，清理費用為 200 元，殘值收入為 3,000 元。該生產設備生產的產品需要繳納增值稅。

（4）1 月 3 日從某小規模納稅人處購入生產設備乙，價款共計 20,600 元，取得了稅務機關代開的增值稅專用發票，款項以銀行存款支付，使用部門為生產車間，預計使用年限為 8 年，清理費用為 1,000 元，殘值收入 2,000 元。該生產設備生產的產品需要繳納增值稅。

（5）1 月 4 日從某公司購進一臺打印機，價款合計共計 11,700 元，取得了增值稅專用發票，款項以銀行存款支付，使用部門為公司辦公室，預計使用年限為 5 年，殘值收入為 5,000 元。

（6）1 月 4 日從某公司購入一臺不需要安裝的生產設備丙，不含稅買價為 2,000,000 元，取得了增值稅專用發票，稅額為 340,000 元，開出商業匯票一張，使用部門為生產車間，用該生產設備生產的產品是免稅產品，預計使用年限為 12 年，清理費用為 30,000 元，殘值收入為 50,000 元。

（7）1 月 5 日為建造生產車間的廠房，購買了相關工程物資，在購進過程中均取得了增值稅專用發票，款項以銀行存款支付，不含稅買價是 5,000,000 元，增值稅稅額是 850,000 元。

（8）1 月 8 日為了建造該廠房，領用生產用鋼材 100,000 元，該鋼材購進時取得了增值稅專用發票。

（9）1 月 28 日計提某項工程應承擔的職工薪酬是 200,000 元，用銀行存款支付其他費用 165,000 元。

（10）1月9日購入一臺需要安裝的生產設備，利用該設備生產的產品需要繳納增值稅，不含稅的買價是60萬元，取得了增值稅專用發票，稅額是102,000元；開出了一張為期5個月的商業匯票交給賣方。在安裝過程中領用生產用原材料50,000元，這批原材料購進時取得了增值稅專用發票，當時購進時增值稅稅率為17%。另外應支付給本廠安裝人員工資20,000元，月底安裝完畢交付使用。預計使用年限為15年，清理費用為40,000元，殘值收入為60,000元。

（11）1月10日對生產車間使用的廠房A進行全新裝修，將從原來的建築物拆下的廢舊物品進行出售，出售取得價款100,000元，新發生裝修支出500,000元，本月底裝修完畢交付使用。所有款項通過銀行辦理。原來入帳價值為2,650,000元，已經計提折舊234,600元。

三、【實訓要求】

根據上述資料，編製有關固定資產購進、處理的會計分錄。

實訓五　固定資產的折舊範圍實訓

一、【實訓目的】

（1）通過本次實訓，掌握固定資產的確認條件。
（2）通過本次實訓，掌握固定資產的折舊範圍。

二、【實訓內容】

生產型企業丙企業是增值稅一般納稅人，丙企業對以下固定資產計提折舊：
(1) 正在運轉的機器設備。
(2) 經營租賃租出的機器設備。
(3) 季節性停用的機器設備。
(4) 已提足折舊仍繼續使用的機器設備。
(5) 閒置的倉庫。
(6) 融資租賃租入的機器設備。

三、【實訓要求】

根據上述資料，分析丙企業計提固定資產折舊的範圍是否正確，為什麼？

實訓六　固定資產折舊的實訓

一、【實訓目的】

(1) 通過本次實訓，掌握固定資產初始計量及其會計處理。
(2) 通過本次實訓，掌握固定資產折舊方法及其計算。

二、【實訓內容】

甲公司於 2016 年 3 月 12 日購入一臺需要安裝的生產設備（生產的產品免繳增值稅），發生如下相關業務：

(1) 增值稅專用發票上註明價款 80,000 元，增值稅款 13,600 元，發生運費 1,400 元（含增值稅），取得了增值稅專用發票，全部款項以銀行存款支付。

(2) 在安裝過程中，領用原材料 2,000 元，材料購進時取得了增值稅專用發票，進項稅額為 340 元。

(3) 用銀行存款結算安裝工人工資 3,200 元。

(4) 該設備當月安裝完畢，交付使用。該設備預計殘值收入 2,000 元，清理費用 3,000元，預計使用 5 年。

三、【實訓要求】

(1) 計算該設備的入帳價值，並編製相關會計分錄。

（2）分別採用平均年限法、年數總和法、雙倍餘額遞減法計算該設備各年折舊額。

實訓七　固定資產日常維護的核算

一、【實訓目的】

通過本次實訓，掌握固定資產日常維護的會計處理。

二、【實訓內容】

甲公司對管理部門使用的設備和生產車間使用的設備進行日常維護，修理過程中發生應付的維修人員工資 20,000 元，其中管理部門應承擔 3,000 元，生產車間應承擔 17,000 元；對銷售部門使用的固定資產進行維修，發生修理費用及配件 6,200 元，款項以銀行存款支付。

三、【實訓要求】

根據上述資料，編製相關會計分錄。

實訓八　固定資產改擴建的核算

一、【實訓目的】

通過本次實訓，掌握固定資產改擴建的會計處理。

二、【實訓內容】

2016年6月30日甲公司對一幢生產廠房進行更新改造，該生產廠房於2012年5月30日完工投入使用，入帳原價4,520,000元，預計殘值收入25,000元，預計清理費用38,000元，預計使用年限25年，採用年限平均法計提折舊。從房屋中拆下門窗出售所得價款45,300元，購買新的門窗支付總價款2,340,000元，取得了增值稅專用發票。另支付更新改造工程款586,000元。所有款項通過銀行收支，工程在7月完工。

三、【實訓要求】

根據上述資料，編製固定資產改造的相關會計分錄。

實訓九　處置固定資產的業務核算

一、【實訓目的】

通過本次實訓，掌握處置固定資產的會計處理。

二、【實訓內容】

甲公司2016年發生以下有關固定資產的處置業務：

（1）10月10日出售一臺機器設備，原值300,000元，已提折舊20,000元，支付清理費用1,000元，出售價款290,000元，所有款項均以銀行存款支付。

（2）10月20日發生火災，毀損一棟房產，該房產原值300,000元，已提折舊80,000元，已提減值準備30,000元。經批准，應由保險公司賠款90,000元，款項已經收到。房產毀損殘料變賣收入3,200元。所有款項均以銀行存款支付。

三、【實訓要求】

根據上述資料，編製相關會計分錄。

實訓十　固定資產清查的業務核算

一、【實訓目的】

通過本次實訓，掌握固定資產清查的會計處理。

二、【實訓內容】

2016 年 12 月 30 日，乙公司對固定資產進行清查時發現如下問題：

（1）短缺一臺筆記本電腦，原值 9,800 元，已提折舊 5,000 元。經批准，該盤虧設備作營業外支出處理。

（2）盤盈一臺設備尚未入帳，重置成本 60,000 元。該公司的企業所得稅稅率為 25%。不考慮計提盈餘公積。

三、【實訓要求】

根據上述資料，編製相關會計分錄。

實訓十一　單項選擇題

1. 某公司購進一臺生產設備，用於生產免稅產品，支付不含稅買價 200,000 元，取得了增值稅專用發票，稅款為 34,000 元。該生產設備不需要安裝，款項已經支付。該生產設備入帳價值為（　　）元。

  A. 200,000　　　　　　　　　　B. 234,000
  C. 220,000　　　　　　　　　　D. 230,000

2. 採用出包方式建造一項生產設備，支付出包工程款時，通過（　　）會計科目進行核算。

  A.「預付帳款」　　　　　　　　B.「固定資產」
  C.「在建工程」　　　　　　　　D.「應付帳款」

3. 對某項固定資產進行更新改造，在改造過程中發生的變價收入衝減（　　）會計科目。

  A.「固定資產清理」　　　　　　B.「營業外收入」
  C.「營業外支出」　　　　　　　D.「在建工程」

4. 購進一臺辦公用生產設備，該設備不需安裝，支付不含稅買價為 20,000 元，取得了增值稅專用發票，稅額為 3,400 元，款項已經支付。該辦公設備的入帳價值為（　　）元。

  A. 20,000　　　　　　　　　　　B. 23,400
  C. 23,000　　　　　　　　　　　D. 21,000

5. 固定盤盈的金額貸方只能通過（　　）會計科目進行核算。

  A.「營業外收入」　　　　　　　B.「以前年度損益調整」
  C.「其他業務收入」　　　　　　D.「主營業務收入」

6. 對某項固定進行出售處理，在出售過程中發生的收入，首先通過（　　）會計科目進行核算。

  A.「主營業務收入」　　　　　　B.「其他業務收入」
  C.「營業外收入」　　　　　　　D.「固定資產清理」

7. 對下列（　　）固定資產不需再計提折舊額。

  A. 不需用的生產設備　　　　　　B. 房屋
  C. 季節性停用的生產設備　　　　D. 已經提足折舊繼續使用的設備

8. 加速折舊法的特點是（　　）。

  A. 前期計提的折舊額少，后期計提的折舊多
  B. 前期計提的折舊額多，后期計提的折舊少
  C. 每期計提的折舊額相等
  D. 沒有顯著的特點

9. 一項固定資產折舊額是（　　）。
   A. 固定資產原價
   B. 固定資產原價加上清理費用
   C. 固定資產原價加上清理費用減去殘值收入
   D. 固定資產原價減去殘值收入
10. 採用年限平均法計提折舊時，計提折舊額的基數是（　　）。
    A. 固定資產原價
    B. 固定資產淨值
    C. 固定資產原價減去殘值收入
    D. 固定資產原價減去殘值收入加上清理費用

實訓十二　多項選擇題

1. 固定資產的加速折舊法主要有（　　）。
   A. 年限總和法　　　　　　B. 雙倍餘額法
   C. 工作量法　　　　　　　D. 年限平均法
2. 一項固定資產的折舊總額受以下（　　）因素影響。
   A. 固定資產原值　　　　　B. 清理費用
   C. 使用年限　　　　　　　D. 殘值收入
3. 計提固定資產折舊額，需要考慮的因素有（　　）。
   A. 使用年限　　　　　　　B. 固定資產原值
   C. 清理費用　　　　　　　D. 殘值收入
4. 固定資產清理帳戶反應的經濟業務有（　　）。
   A. 出售（報廢）固定資產的淨值
   B. 清理固定資產費用
   C. 清理固定資產殘值收入
   D. 固定資產的盤虧
5. 下列各項固定資產中，需要計提折舊的有（　　）。
   A. 不需要用的生產設備　　B. 當月增加的固定資產
   C. 當月減少的固定資產　　D. 季節性停用的生產設備
6. 下列各項固定資產中，不需要計提折舊的有（　　）。
   A. 已經提足折舊繼續使用的固定資產
   B. 當月增加的固定資產
   C. 經營租入的固定資產
   D. 融資租入的固定資產

第七章　無形資產實訓

實訓一　無形資產的確認

一、【實訓目的】

通過本次實訓，掌握無形資產的含義、特徵及確認條件。

二、【實訓內容】

乙企業在會計核算中，把以下內容都確認為無形資產入帳：
（1）高級專業技術人才。
（2）公司購入的企業管理軟件和會計核算軟件。
（3）有償取得一項為期 15 年的高速公路收費權。
（4）購買的商標權。
（5）自行研發產品發生的所有研發費用。

三、【實訓要求】

根據上述資料，分析判斷企業的做法是否正確，為什麼？

實訓二　無形資產的初始計量

一、【實訓目的】

通過本次實訓，掌握無形資產的初始確認及其會計處理。

二、【實訓內容】

2016 年 6 月，甲公司為降低公司生產成本，決定研發某項新型技術。研發過程中發生的費用支出情況如下：

（1）在 2016 年度領用原材料 1,000,000 元，當時購進時沒有取得增值稅專用發票，人工費用 550,000 元，計提專用設備折舊 250,000 元，以銀行存款支付其他費用 3,000,000 元，總計 4,800,000 元，其中符合資本化條件的支出為 3,650,000 元。

（2）2017 年 1 月 31 日前領用原材料 200,000 元，當時購進時沒有取得增值稅專用發票，人工費用 100,000 元，計提專用設備折舊 50,000 元，以銀行存款支付其他費用 80,000 元。全部費用符合資本化條件。

（3）2017 年 1 月 31 日該項新興技術研發成功，達到預定用途並成功申請獲得該項技術專利權，在申請過程中發生的專利登記費為 20,000 元，律師費為 15,000 元。全部款項以銀行存款支付。

（4）2017 年 5 月 10 日公司購入一項商標權支付 1,000,000 元，支付相關費用 30,000 元。款項以銀行存款支付。

三、【實訓要求】

根據上述資料，編製相關會計分錄。

實訓三　無形資產的后續計量

一、【實訓目的】

通過本次實訓，掌握無形資產攤銷的會計處理。

二、【實訓內容】

丙公司於 2014 年 1 月 1 日購入一項專利權，支付價款 500 萬元，該無形資產預計使用年限為 8 年。款項以銀行存款支付。

三、【實訓要求】

根據上述資料，編製 2014 年、2015 年、2016 年的相關會計分錄。

實訓四　處置無形資產的業務核算

一、【實訓目的】

通過本次實訓，掌握處置無形資產的會計處理。

二、【實訓內容】

丙公司 2014—2016 年無形資產業務有關資料如下：

（1）2014 年 1 月 1 日購入一項無形資產，以銀行存款支付 500 萬元。該無形資產的預計使用年限為 10 年，採用直線法攤銷。

（2）2016 年 3 月 1 日將該無形資產對外出售，取得價款 200 萬元並收存銀行，增值稅稅率為 6%。

三、【實訓要求】

（1）根據上述資料，計算每年的攤銷金額。
（2）編製 2014 年、2015 年、2016 年相關的會計處理。

第八章　借款費用實訓

實訓一　借款費用資本化專門借款實訓

一、【實訓目的】

（1）通過本次實訓，掌握借款費用資本化的計算。
（2）通過本次實訓，掌握借款費用資本化的會計處理。

二、【實訓內容】

廣州某公司於 2015 年 1 月 1 日正式動工興建一幢辦公樓，工期預計為 2 年，將於 2016 年年底完工。工程採用出包方式，分別於 2015 年 1 月 1 日、2015 年 7 月 1 日、2016 年 1 月 1 日和 2016 年 7 月 1 日支付工程款。公司為此於 2015 年 1 月 1 日專門借款 3,500 萬元，借款期限為 3 年，年利率為 6%，另外於 2015 年 7 月 1 日又專門借款 6,000 萬元，借款期限為 5 年，年利率為 7%，借款利息按年支付。閒置的借款資金均用於固定收益債券短期投資，該短期投資月收益為 0.4%。

公司為建造該辦公大樓發生的支出如表 8-1 所示。

表 8-1　　　　　公司為建造該辦公大樓發生的支出　　　　　單位：萬元

日期	每期支出金額	累計支出金額	短期投資金額
2015 年 1 月 1 日	3,000	3,000	500
2015 年 7 月 1 日	4,000	7,000	2,500
2016 年 1 月 1 日	2,000	9,000	500
2016 年 7 月 1 日	500	9,500	0
總計	9,500	—	3,500

三、【實訓要求】

（1）計算出 2015 年、2016 年每年資本化金額及費用化金額。
（2）根據上述計算結果，進行 2015 年、2016 年的會計處理。

實訓二　借款費用資本化一般借款實訓

一、【實訓目的】

(1) 通過本次實訓，掌握借款費用資本化的計算。
(2) 通過本次實訓，掌握借款費用資本化的會計處理。

二、【實訓內容】

廣州某公司於 2015 年 1 月 1 日正式動工興建一幢辦公樓，工期預計為 2 年，工程採用出包方式，分別於 2015 年 1 月 1 日、2015 年 7 月 1 日、2016 年 1 月 1 日和 2016 年 7 月 1 日支付工程款。假定建造辦公樓沒有專門借款，占用的都是一般性借款。

(1) 向銀行貸款 4,000 萬元，期限為 2015 年 1 月 1 日至 2017 年 12 月 31 日，年利率為 7%，按年付利息。

(2) 發行公司債券 5,000 萬元，2015 年 1 月 1 日發行，期限為 4 年，年利率為 9%，按年付息。

公司為建造該辦公大樓發生的支出如表 8-2 所示。

表 8-2　　　　　　　公司為建造該辦公大樓發生的支出　　　　　單位：萬元

日期	每期支出金額	累計支出金額
2015 年 1 月 1 日	2,000	2,000
2015 年 7 月 1 日	3,000	5,000
2016 年 1 月 1 日	3,000	8,000
2016 年 7 月 1 日	1,000	9,000
總計	9,000	—

三、【實訓要求】

（1）計算出 2015 年、2016 年每年資本化金額及費用化金額。
（2）根據上述計算結果，進行 2015 年、2016 年的會計處理。

實訓三　多項選擇題

1. 借款費用包括（　　）等項目。
    A. 借款利息　　　　　　　　　B. 外幣借款的匯兌差額
    C. 借款的輔助費用　　　　　　D. 折價或溢價攤銷
2. 確定借款費用資本化的時點需要考慮（　　）等因素。
    A. 資產支出是否已經發生
    B. 借款費用是否已經發生
    C. 為使資產達到預定可使用或可銷售狀態所必要的購建或生產活動是否已經開始
    D. 借款是否已經成功
3. 發生了下列（　　）的情況，可以考慮暫停借款費用資本化。
    A. 企業因與施工方發生了質量糾紛
    B. 工程、生產用料沒有及時供應
    C. 資金週轉發生了困難
    D. 施工、生產發生了安全事故

第九章 負債實訓

實訓一 應付債券溢價發行實訓

一、【實訓目的】

通過本次實訓，基本上能夠掌握應付債券溢價發行的會計帳務處理。

二、【實訓內容】

廣州 A 股份有限公司於 2014 年 1 月 1 日發行一批債券，面值為 200 萬元，票面利率為 10%，期限為 3 年，實際利率為 8%，發行價格為 210.302 萬元。款項已存入銀行。該筆款項用於流動資金運轉。每年年末支付利息一次。利息分攤一覽表如表 9-1 所示。

表 9-1　　　　　　　　　　利息分攤一覽表　　　　　　　　單位：萬元

付息日期	支付利息 (1)=面值×10%	利息費用 (2)= 上期(4)×8%	攤銷的利息調整 (3)= (1)-(2)	應付債券攤餘成本 (4)= 上期(4)-(3)
2014 年 12 月 31 日				
2015 年 12 月 31 日				
2016 年 12 月 31 日				
合計				

三、【實訓要求】

（1）將正確的數據填入表 9-1 中。
（2）根據上述發生的經濟業務，進行正確的發行、攤銷、償還會計核算。

實訓二　應付債券折價發行實訓

一、【實訓目的】

通過本次實訓，基本上能夠掌握應付債券折價發行的會計帳務處理。

二、【實訓內容】

廣州A股份有限公司於2014年1月1日發行一批債券，面值為200萬元，票面利率為8%，期限為3年，實際利率為10%，發行價格為190.050,4萬元。款項已存入銀行。該筆款項用於流動資金運轉。每年年末支付利息一次。折價發行時，利息分攤一覽表如表9-2所示。

表9-2　　　　　　　　　　利息分攤一覽表　　　　　　　　單位：萬元

付息日期	支付利息 （1）=面值×8%	利息費用 （2）= 上期（4）×10%	攤銷的利息調整 （3）= （2）-（1）	應付債券攤餘成本 （4）= 上期（4）+（3）
2014年12月31日				
2015年12月31日				
2016年12月31日				
合計				

三、【實訓要求】

（1）將正確的數據填入表9-2中。
（2）根據上述發生的經濟業務，進行正確的發行、攤銷、償還會計核算。

實訓三　應付債券平價發行實訓

一、【實訓目的】

通過本次實訓，基本上能夠掌握應付債券平價發行的會計帳務處理。

二、【實訓內容】

廣州 A 股份有限公司於 2014 年 1 月 1 日發行一批債券，面值為 200 萬元，票面利率為 10%，期限為 3 年，實際利率為 10%，發行價格為 200 萬元。款項已存入銀行。該筆款項用於流動資金運轉。每年年末支付利息一次。

三、【實訓要求】

根據上述發生的經濟業務，進行正確的發行、攤銷、償還會計核算。

實訓四　應付職工薪酬的實訓

一、【實訓目的】

通過本次實訓，基本上能夠掌握應付職工薪酬的會計帳務處理。

二、【實訓內容】

（1）廣東 A 股份有限公司有關規定如下：
①根據國家有關法律規定，平均每月全勤天數為 21.75 天。
②因私事經公司相關領導批准后，以當月應付工資的全部應發金額除以 21.75 天作為每天事假扣款金額。
③無故遲到、早退在 15 分鐘（含 15 分鐘）以內的，每次扣款金額為 40 元；無故遲到早退超過 15 分鐘的，作為曠工處理。

④無故曠工的，每天的扣款金額為事假扣款的 2 倍，直到當天應發工資扣完為止。

⑤因病請假的，請假時間在 3 天（含 3 天）以內的，按每天應發工資金額的 70% 發放；請假時間在 3 天以上、5 天（含 5 天）以內的，按每天應發工資金額的 50% 發放；請假時間超過 5 天的，按每天應發工資的 30% 發放。

（2）廣東 A 股份有限公司 2016 年 12 月考勤表如表 9-3 所示。

表 9-3　　　　　　　　　　　　2016 年 12 月考勤表

部門	姓名	曠工天數（天）	事假天數（天）	病假天數（天）			遲到次數（次）	
				3 天以下	3 至 5 天	5 天以上	15 分鐘以下	15 分鐘以上
財務部	李一	1		1				
	李二		1				1	
採購部	張一	0.5						
	張二		2				4	
人事部	王一		4					
	王二		2					
工程開發部	萬一		2					
	萬二		2					3
車間辦公室	陳一		5					
	陳二		4	4			2	
車間生產線	董一		3				2	
	董二		2					
銷售部	湯一		2					
	湯二		4					

製表：　　　　　　　　　　　　　　　　　　　　　　　審核：

（3）廣東 A 股份有限公司（該企業的性質是私營企業）所在地區「五險」的繳納標準如下：

①養老保險：外資單位 20%，省屬單位 18%，私營企業 12%，個人 8%。

②醫療保險：單位 7%，個人 2%。

③失業保險：單位 0.2%，個人 0.1%。

④工傷保險：單位 0.4%，個人不用繳納。

⑤生育保險：單位 0.85%，個人不用繳納。

（4）個人所得稅稅率表如表 9-4 所示。

51

表 9-4　　個人所得稅稅率表（個人所得稅免徵額 3,500 元，工資薪金所得適用）

級數	全月應納稅所得額 （含稅級距）	全月應納稅所得額 （不含稅級距）	稅率 （%）	速算 扣除數
1	不超過 1,500 元	不超過 1,455 元的部分	3	0
2	超過 1,500 元至 4,500 元的部分	超過 1,455 元至 4,155 元的部分	10	105
3	超過 4,500 元至 9,000 元的部分	超過 4,155 元至 7,755 元的部分	20	555
4	超過 9,000 元至 35,000 元的部分	超過 7,755 元至 27,255 元的部分	25	1,005
5	超過 35,000 元至 55,000 元的部分	超過 27,255 元至 41,255 元的部分	30	2,755
6	超過 55,000 元至 80,000 元的部分	超過 41,255 元至 57,505 元的部分	35	5,505
7	超過 80,000 元的部分	超過 57,505 元的部分	45	13,505

（5）代扣水電明細表如表 9-5 所示。

表 9-5　　　　　　　　　　　代扣水電費明細表

部門	姓名	用水量 （噸）	單價 （元/噸）	金額 （元）	用電量 （度）	單價 （元/度）	金額 （元）	合計 （元）
財務部	李一	5	2.85		50	0.65		
採購部	張一	6	2.85		50	0.65		
人事部	王一	5	2.85		40	0.65		
	王二	4	2.85		40	0.65		
工程 開發部	萬一	5	2.85		80	0.65		
	萬二	6	2.85		80	0.65		
車間 辦公室	陳一	8	2.85		50	0.65		
	陳二	4	2.85		80	0.65		
車間 生產線	董一	5	2.85		60	0.65		
	董二	5	2.85		50	0.65		
銷售部	湯一	5	2.85		60	0.65		
	湯二	4	2.85		40	0.65		

製表：　　　　　　　　　　　　　　　　　　　　　　　審核：

（6）代扣「五險」明細表如表 9-6 所示。

表 9-6　　　　　　　　　　　代扣「五險」明細表

部門	姓名	計提 基數	工傷保險 （0）	養老保險 （8%）	醫療保險 （2%）	生育保險 （0）	失業保險 （0.1%）	合計
財務部	李一							
	李二							
小計								

表9-6(續)

部門	姓名	計提基數	工傷保險(0)	養老保險(8%)	醫療保險(2%)	生育保險(0)	失業保險(0.1%)	合計
採購部	張一							
	張二							
小計								
人事部	王一							
	王二							
小計								
工程開發部	萬一							
	萬二							
小計								
車間辦公室	陳一							
	陳二							
小計								
車間生產線	董一							
	董二							
	董三							
	董四							
小計								
銷售部	湯一							
	湯二							
小計								
總計								

製表：　　　　　　　　　　　　　　　審核：

（7）12月份工資表如表9-7所示。

表9-7　　　　　　　　　　　12月份工資表　　　　　　　　　　單位：元

部門	姓名	基本工資	職務工資	崗位工資	獎金	交通補貼	誤餐補貼	應發合計	事假扣款	病假扣款	遲到扣款	曠工扣款	代扣水電	代扣五險	代扣個稅	扣款合計	實發合計
財務部	李一	8,000	1,000	500	600	400	200										
	李二	4,800	800	300	200	400	200										
小計																	

表9-7(續)

部門	姓名	基本工資	職務工資	崗位工資	獎金	交通補貼	誤餐補貼	應發合計	事假扣款	病假扣款	遲到扣款	曠工扣款	代扣水電	代扣五險	代扣個稅	扣款合計	實發合計
採購部	張一	3,500	600	200	300	400	200										
	張二	3,000	500	150	200	400	200										
小計																	
人事部	王一	5,000	700	300	500	400	200										
	王二	3,600	500	120	240	400	200										
小計																	
工程開發部	萬一	6,000	500	400	300	400	200										
	萬二	5,500	500	350	400	400	200										
小計																	
車間辦公室	陳一	8,000	600	300	400	400	200										
	陳二	6,500	550	250	60	400	200										
小計																	
車間生產線	董一	2,500	200	150	100	400	200										
	董二	2,500	200	150	100	400	200										
	董三	2,500	200	150	100	400	200										
	董四	2,500	200	150	100	400	200										
小計																	
銷售部	湯一	2,000	200	300	0	400	200										
	湯二	2,000	200	300	0	400	200										
小計																	
總計																	

製表：　　　　　　　　　　　　　　　審核：

（8）計提「五險」明細表如表9-8所示。

表9-8　　　　　　　　　　計提「五險」明細表

部門	姓名	計提基數	工傷保險（0.4%）	養老保險（12%）	醫療保險（7%）	生育保險（0.85%）	失業保險（0.2%）	合計
財務部	李一							
	李二							
小計								
採購部	張一							
	張二							
小計								

表9-8(續)

部門	姓名	計提基數	工傷保險（0.4%）	養老保險（12%）	醫療保險（7%）	生育保險（0.85%）	失業保險（0.2%）	合計
人事部	王一							
	王二							
小計								
工程開發部	萬一							
	萬二							
小計								
車間辦公室	陳一							
	陳二							
小計								
車間生產線	董一							
	董二							
	董三							
	董四							
小計								
銷售部	湯一							
	湯二							
小計								
總計								

製表： 審核：

三、【實訓要求】

（1）根據上述發生的經濟業務，將有關的正確數據填入相關工資表中。

（2）根據上述工資表，編製正確的會計憑證。

實訓五　應交稅費的實訓

一、【實訓目的】

通過本次實訓，基本上能夠掌握應交稅費的計算及會計帳務處理。

二、【實訓內容】

（1）廣州 A 股份有限公司為增值稅一般納稅人，增值稅稅率為 17%，銷售 A 產品時需要繳納增值稅，城市維護建設稅稅率為 7%。

（2）2016 年 10 月 A 公司發生的經濟業務如下：

①1 日購進生產用原材料一批，材料不含增值稅成本為 20 萬元，取得了增值稅專用發票，款項已經通過銀行存款支付。

②2 日從小規模納稅人廣州甲公司購入一批原材料，價稅合計 4,200 元，廣州甲公司自己開具了增值稅發票給廣州 A 股份有限公司，款項尚未支付。

③3 日購進生產用原材料一批，材料不含增值稅成本為 5 萬元，銷售方開具了增值稅普通發票，款項已經通過銀行存款支付。

④4 日從小規模納稅人廣州甲公司購入一批原材料，價稅合計 4,120 元，廣州甲公司委託當地國家稅務機關代開了增值稅專用發票，款項還沒有支付。

⑤5 日從上海建昌公司購進一臺不需要安裝的生產設備，取得了增值稅專用發票，不含增值稅的買價為 8 萬元，增值稅稅額為 1.36 萬元，開出為期 3 個月的商業票據一張。

⑥6 日將一批原材料從公司倉庫領出后作為建築材料自建生產車間廠房，購進時取得增值稅專用發票，不含稅的金額為 5,000 元。

⑦7 日對上月倉庫因火災發生毀損的一批材料進行處理，材料不含稅的成本為 2,000元，購進時取得了增值稅專用發票，購進時增值稅稅率為 17%。

⑧8 日購進需要安裝建築設備一臺，用來建造生產車間廠房，取得了增值稅專用發票，不含稅的買價為 30 萬元，增值稅稅率為 17%，開出了為期 4 個月商業票據一張。

⑨9 日銷售 A 產品一批，開具了增值稅普通發票，不含稅的金額為 30 萬元，款項已經通過銀行收到。

⑩10 日銷售 A 產品一批，開具了增值稅專用發票，不含稅的金額為 60 萬元，收到對方銀行匯票一張。

⑪11 日將一批 A 產品作為公司福利分發給本公司員工，數量為 50 個，單位成本為 120 元，市場上不含稅銷售單價為 200 元。其中，管理部門人員有 30 人，銷售部門有 20 人。

⑫12 日將一批 A 產品無償捐贈當地一家養老院，數量為 30 個，單位成本為 120 元，市場上不含稅的銷售單價為 200 元。

⑬13 日將一批 A 產品投入廣東乙公司，該公司的註冊資本為 100 萬元，占該公司註冊資本的 10%，數量為 1,000 個，單位成本為 120 元，市場上不含稅的銷售單價為 200 元。在此之前，兩家公司之間不存在任何關聯關係。

三、【實訓要求】

（1）根據上述發生的經濟業務，正確計算當期應納的增值稅、城市維護建設稅、教育費附加等有關稅費。

（2）根據上述發生的經濟業務及計算結果，編製正確的會計憑證。

實訓六　單項選擇題

1. 按期計提短期借款的利息時，貸方應通過（　　）會計科目進行會計處理。
　　A.「短期借款」　　　　　　　B.「應付利息」
　　C.「財務費用」　　　　　　　D.「在建工程」
2. 開出帶息的商業票據應承擔的利息支出應計入（　　）會計科目。
　　A.「營業外支出」　　　　　　B.「原材料」
　　C.「財務費用」　　　　　　　D.「主營業務成本」
3. 當企業預收帳款不是太多，也可以不設置「預收帳款」會計科目，可以在（　　）會計科目中進行會計核算。
　　A.「應付帳款」　　　　　　　B.「預付帳款」
　　C.「應收帳款」　　　　　　　D.「其他應收款」

4. 一般納稅人購進貨物時沒有取得增值稅專用發票，所支付的增值稅應計入（　　）中。

  A. 貨物成本   B. 單獨計算增值稅進項稅額

  C. 單獨計算增值稅銷項稅額   D. 稅法中沒有明確規定

5. 某一般納稅人從外地採購一批貨物，支付運費（不含增值稅）1,000 元，裝卸費 50 元，保險費用 15 元，取得了增值稅專用發票，該項行為增值稅的進項稅額為（　　）元。

  A. 74.55   B. 110

  C. 70   D. 69.67

6. 某超市從當地農民手中採購了一批農產品，開具了有關農副產品採購增值稅發票，貨物的買價為 50 萬元。該項採購行為可以計算進項稅額（　　）元。

  A. 65,000   B. 57,522.12

  C. 72,649.57   D. 85,000

7. 某企業為一般納稅人，為建造一幢廠房，從倉庫領用材料一批，不含稅價格為 5,000 元，當時購進時取得了增值稅專用發票，可以計入在建工程成本的金額為（　　）元。

  A. 5,000   B. 5,850

  C. 5,500   D. 4,980

8. 對於需要繳納增值稅的一般納稅人來講，月底對計算出的本期需要繳納的增值稅應（　　）。

  A. 結轉到「應交稅費——未交增值稅」

  B. 結轉到「應交稅費——已交稅金」

  C. 不做任何帳務處理

  D. 結轉到「應交稅費——進項稅額轉出」

實訓七　多項選擇題

1. 就一般納稅人企業來講，為了正確核算本期應繳納的增值稅，應當設置的會計科目是（　　）。

  A.「應交稅費——進項稅額」   B.「應交稅費——銷項稅額」

  C.「應交稅費——進項稅額轉出」 D.「應交稅費——已交稅金」

2. 計提當期應當繳納的城市維護建設稅、教育費附加的數據基礎是（　　）。

  A. 當期應繳納的增值稅   B. 當期應繳納的消費稅

  C. 當期應繳納的企業所得稅   D. 當期應繳納的營業稅

3. 視同銷售行為有（　　）。

  A. 將自產、委託加工或購買的貨物無償贈送他人

  B. 將自產或委託加工的貨物用於集體福利或個人消費

C. 將自產、委託加工或購買貨物作為投資，提供給其他單位或個體經營者
D. 非同一縣（市）將貨物從一個機構移送其他機構用於銷售
4. 需要做出進項稅額轉出的行為有（　　）。
A. 非正常損失的在產品、產成品所耗用的購進貨物或者應稅勞務
B. 用於免稅項目的購進貨物或者應稅勞務
C. 用於集體福利或個人消費的購進貨物或者應稅勞務
D. 用於非應稅項目的購進貨物或者應稅勞務
5. 下列（　　）不通過「應交稅費」會計科目進行會計處理。
A. 消費稅　　　　　　　　　B. 印花稅
C. 耕地占用稅　　　　　　　D. 教育費附加

第十章 收入、費用、利潤實訓

實訓一 應交企業所得稅實訓

一、【實訓目的】

通過本次實訓,能夠正確計算當期應繳納的企業所得稅,並做出正確的會計處理。

二、【實訓內容】

廣東燕塘有限公司 2010 年實現利潤 -20 萬元,2001 年實現利潤 -10 萬元,2012 年實現利潤 10 萬元,2013 年實現利潤 -15 萬元,2014 年實現利潤 5 萬元,2015 年實現利潤 8 萬元,2016 年實現利潤 -2 萬元,2017 年實現利潤 65 萬元。企業所得稅稅率為 25%。

廣東燕塘有限公司 2018 年第一季度實現利潤 20 萬元。

三、【實訓要求】

(1) 計算 2010—2018 年第一季度各期應當繳納的企業所得稅。
(2) 根據各期的計算結果,正確編製有關企業所得稅計提及結轉的會計分錄。

實訓二 分期收款銷售實訓

一、【實訓目的】

通過本次實訓,能夠掌握分期收款銷售的會計處理。

二、【實訓內容】

廣東 A 股份有限公司於 2013 年 1 月 1 日採用分期收款銷售的方式向廣州乙股份有

限公司銷售甲產品，合同約定銷售價格為 2,000 萬元，分 4 次於每年的 12 月 31 日等額收取。該產品成本為 1,200 萬元，在現銷的方式下，該產品的現金銷售價格為 1,800 萬元。假定廣州 A 股份有限公司發出商品時開出增值稅發票，註明的增值稅稅額為 340 萬元，並於當天收到增值稅 340 萬元。實際利率為 4.356,4%。財務費用和已收本金計算如表 10-1 所示。

表 10-1　　　　　　　　財務費用和已收本金計算表　　　　　　　　單位：萬元

年份	未收本金（1）	財務費用(2)= (1)×實際利率	收現總額(3)	已收本金(4)= (3)-(2)
2013 年 1 月 1 日				
2013 年 12 月 31 日				
2014 年 12 月 31 日				
2015 年 12 月 31 日				
2016 年 12 月 31 日				
總額				

三、【實訓要求】

（1）正確填寫財務費用和已收本金計算表。

（2）根據財務費用和已收本金計算表中數據編製 2013—2016 年的會計分錄。

實訓三　委託代銷商品視同買斷銷售實訓

一、【實訓目的】

通過本次實訓，能夠正確進行視同買斷的委託代銷商品銷售的會計處理。

二、【實訓內容】

廣州 A 有限責任公司與廣州乙有限責任公司於 2016 年 10 月 1 日簽訂了一份委託代銷商品協議，廣州乙有限責任公司為廣州 A 有限責任公司代銷甲商品 1,500 個，不含稅單位代銷價為 200 元，其單位成本為 160 元。11 月 20 日廣州 A 有限責任公司收到廣州乙有限責任公司寄來的代銷清單，將此批產品全部銷售出去，款項已通過銀行收妥。但廣州乙有限責任公司最終的不含稅實際銷售單價為 240 元。增值稅稅率為 17%。

三、【實訓要求】

對委託方廣州 A 有限責任公司的委託代銷商品銷售行為進行會計處理。

實訓四　委託代銷商品收取手續費銷售實訓

一、【實訓目的】

通過本次實訓，能夠正確進行收取手續費的委託代銷商品銷售的會計處理。

二、【實訓內容】

廣州 A 有限責任公司與廣州乙有限責任公司於 2016 年 11 月 5 日簽訂了一份委託代銷商品協議，廣州乙有限責任公司為廣州 A 有限責任公司代銷某種商品 1,500 個，不含稅代銷單位銷售價為 160 元，其單位銷售成本為 120 元。12 月 12 日廣州 A 有限責任公司收到廣州乙有限責任公司寄來的代銷清單，將此批產品全部銷售出去。代銷手續費按銷售收入的 1%計算。款項已經通過銀行支付。增值稅稅率為 17%。

三、【實訓要求】

（1）對委託方廣州 A 有限責任公司的委託代銷商品銷售行為進行會計處理。
（2）對受託方廣州乙有限責任公司的委託代銷商品銷售行為進行會計處理。

實訓五　銷售退回實訓

一、【實訓目的】

通過本次實訓，能夠正確進行銷售退回的會計處理。該企業的企業所得稅稅率為 25%。

二、【實訓內容】

廣州燕塘有限責任公司 2016 年 1 月 5 日收到一批退貨，該批退貨的原因是產品質量不符合同要求。該批退貨的銷售時間是 2015 年 11 月 25 日，退貨的數量為 20 個，當時不含稅的銷售單價為 200 元，單位銷售成本為 140 元，增值稅稅率為 17%，通過轉帳方式退回了全部貨款，貨物全部辦理了退貨入庫手續。

廣州燕塘有限責任公司 2016 年 2 月 15 日收到一批退貨，該批退貨的原因是產品質量不符合同要求。該批退貨的銷售時間是 2016 年 1 月 25 日，退貨的數量為 30 個，當時不含稅的銷售單價為 260 元，單位銷售成本為 200 元，增值稅稅率為 17%，通過轉

帳方式退回了全部貨款，貨物全部辦理了退貨入庫手續。

三、【實訓要求】

編製上述兩批退貨業務的會計分錄。

實訓六　勞務收入實訓一

一、【實訓目的】

通過本次實訓，能夠正確進行勞務收入的會計處理。

二、【實訓內容】

廣州甲安裝公司於 2016 年 10 月 2 日同廣州乙公司簽訂一份安裝合同，由廣州甲安裝公司負責安裝某種設備。經過雙方協商，該安裝任務完成后，廣州乙公司應向廣州甲安裝公司支付安裝服務費（含稅）22,200 元，增值稅稅率為 11%。該安裝任務在 10 月 20 日之前完成。在安裝過程中，廣州甲安裝公司應向本公司安裝人員支付工資 16,000元，支付交通費用 500 元。安裝服務費已經通過銀行轉帳收到。工資還沒有發放，交通費用以現金方式支付。

三、【實訓要求】

根據上述發生的業務，編製廣州甲安裝公司的相關會計分錄。

實訓七　勞務收入實訓(二)

一、【實訓目的】

通過本次實訓，能夠正確進行勞務收入的會計處理。

二、【實訓內容】

廣州甲鍋爐公司於 2016 年 12 月 2 日向廣州乙公司銷售某種鍋爐 2 臺，每臺鍋爐不含稅的售價為 200,000 元，每臺鍋爐的成本為 180,000 元，增值稅稅率為 17%。雙方在銷售合同中規定，廣州甲鍋爐公司向廣州乙公司銷售鍋爐所收取的價款中不含安裝服務費。若廣州乙公司需要提供安裝服務，廣州甲鍋爐公司根據實際提供勞務情況需要另行收費。經過雙方協商，每臺鍋爐的安裝服務費（含稅）為 3,330 元。在安裝過程中，廣州甲鍋爐公司應向本公司安裝人員支付工資 4,000 元，支付交通費用 400 元。廣州乙公司支付的款項已經通過銀行轉帳收到。工資還沒有發放，交通費用以現金方式支付。安裝服務的增值稅稅率為 11%。

三、【實訓要求】

根據上述發生的業務，編製廣州甲鍋爐公司的相關會計分錄。

第十一章　所有者權益實訓

實訓一　實收資本(股本)增加實訓一

一、【實訓目的】

（1）通過本次實訓，能夠掌握通過發行股票方式增加實收資本（或股本）的會計處理。

（2）通過本次實訓，能夠掌握發行股票股利的會計處理。

二、【實訓內容】

（1）廣東燕塘股份有限公司採用公開發行股票的方式籌集註冊資本，經中國證券監督委員會審核同意，於2015年8月10日向社會公開發行股票。

（2）本次公開發行5,000萬股股票，每股股票的面值為1元，實際發行價為6元。按發行價的2%向中國光大證券公司支付發行費用。發行完畢後，所有款項已經入帳。

（3）2016年2月，經公司股東大會表決，決定向全體股東分派2015年的利潤，發放的股票股利總金額為9,800萬元，但只能發放股票股利。經中國證券監督管理委員會審核同意，公司於4月16日向全體股東發放了股票股利，每股面值為1元，發行2,000萬股，實際發行價為5元，按發行價的2%向中國光大證券公司支付股票發行手續費用，所有發行手續全部完畢。

三、【實訓要求】

根據該公司實際發生的經濟業務，編製正確的記帳憑證。

實訓二　實收資本(股本)增加實訓(二)

一、【實訓目的】

通過本次實訓，能夠掌握通過貨幣資金、流動資產、固定資產等方式增加實收資本（或股本）的會計處理。

二、【實訓內容】

（1）廣東燕塘有限責任公司的註冊資本為1,000萬元，公司於2016年6月10日成立，投資者為廣東甲有限責任公司、廣東乙有限責任公司、廣東丙有限責任公司，它們分別持有廣東燕塘有限責任公司的40％、35％、25％的股份。

（2）2016年5月15日廣東甲有限責任公司以銀行存款150萬元，某種成本價為200萬元（雙方確認價值）、市場價格為250萬元的原材料出資。廣東燕塘有限責任公司取得了增值稅專用發票。

（3）2016年5月16日廣東乙有限責任公司以一臺帳面原價為500萬元、累計折舊為100萬元的不需要安裝的生產設備出資，經雙方協商確認其價值為375萬元。

（4）2016年5月18日廣東丙有限責任公司以一項專利技術出資，該項專利技術的帳面原價為120萬元，累計攤銷金額為15萬元，雙方經協商確認的價值為105萬元，同時還以銀行存款145萬元出資。

三、【實訓要求】

根據該公司實際發生的經濟業務，編製正確的記帳憑證。

實訓三　利潤分配實訓

一、【實訓目的】

通過本次實訓，能夠掌握本年實現利潤及利潤分配的會計處理。

二、【實訓內容】

（1）2016年12月31日廣東燕塘有限責任公司實現稅前利潤為360萬元，該公司

所得稅稅率為 25%。該公司在 2011 年發生的虧損額還有 42 萬元沒有彌補。該公司提取盈餘公積的比例為 15%。

（2）計算當年應當繳納的企業所得稅，並做出正確的會計處理。
（3）將本年實現的淨利潤進行結轉。
（4）計提本年的盈餘公積並進行會計處理。
（5）向投資者分派現金股利 50 萬元。
（6）將「利潤分配」帳戶的借方發生額進行結轉。

三、【實訓要求】

根據該公司實際發生的上述經濟業務，編製正確的記帳憑證。

第十二章　財務報告實訓

一、【實訓目的】

通過本次實訓，基本上能夠正確編製記帳憑證、利潤表和資產負債表。

二、【實訓內容】

（1）廣東燕塘公司的增值稅稅率為17%，企業所得稅稅率為25%。前期發生的虧損額未超過5年。

（2）廣東燕塘公司的材料採用計劃成本進行會計核算，庫存商品、週轉材料採用月末一次加權平均法結轉成本，在月末進行一次性的銷售成本結轉工作。期初庫存商品的數量為34,698個。

（3）每個季度預繳一次企業所得稅。

（4）2016年11月30日會計科目餘額表如表12-1所示。

表12-1　　　　　　　　　　　　　會計科目餘額表　　　　　　　　　　　　　單位：元

科目名稱	借方金額	科目名稱	貸方金額
庫存現金	12,000	短期借款	1,200,000
銀行存款	1,568,200	應付票據	965,500
其他貨幣資金	351,000	應付帳款	2,095,000
交易性金融資產	30,000	其他應付款	2,000
應收票據	856,000	應付職工薪酬	560,000
應收帳款	1,600,000	應交稅費	159,800
壞帳準備	-8,000	應付利息	2,000
預付帳款	200,000	長期借款	2,000,000
其他應收款	5,600	其中一年內到期長期負債	150,000
材料採購	500,000	股本	9,300,000
原材料	1,100,000	盈餘公積	206,000
週轉材料（包裝物）	8,500	利潤分配（未分配利潤）	-13,160
週轉材料（低值易耗品）	12,000		
庫存商品	2,775,840		
固定資產	5,000,000		

表12-1(續)

科目名稱	借方金額	科目名稱	貸方金額
累計折舊	-800,000		
在建工程	3,000,000		
無形資產	60,000		
長期待攤費用	350,000		
材料成本差異	6,000		
合計	16,627,140		16,627,140

（5）2016年11月30日應收帳款明細表如表12-2所示。

表12-2　　　　　　　　　　　應收帳款明細表　　　　　　　　　　單位：元

序號	公司名稱	金額
1	廣東A股份有限公司	936,000
2	廣東B股份有限公司	234,000
3	廣東C股份有限公司	430,000
	合計	1,600,000

（6）2016年11月30日應收票據明細表如表12-3所示。

表12-3　　　　　　　　　　　應收票據明細表　　　　　　　　　　單位：元

序號	公司名稱	金額
1	廣東甲股份有限公司	456,000
2	廣東乙股份有限公司	400,000
	合計	856,000

（7）2016年11月30日其他應收款明細表如表12-4所示。

表12-4　　　　　　　　　　　其他應收款明細表　　　　　　　　　　單位：元

1	姓名	金額
2	張三	3,000
3	李四	2,600
	合計	5,600

（8）2016 年 11 月 30 日預付帳款明細表如表 12-5 所示。

表 12-5　　　　　　　　　　　預付帳款明細表　　　　　　　　　　單位：元

1	公司名稱	金額
2	上海三環公司	150,000
3	山東四方公司	50,000
	合計	200,000

（9）2016 年 11 月 30 日應付票據明細表如表 12-6 所示。

表 12-6　　　　　　　　　　　應付票據明細表　　　　　　　　　　單位：元

1	公司名稱	金額
2	上海三環公司	365,500
3	山東四方公司	600,000
	合計	965,500

（10）2016 年 11 月 30 日應付帳款明細表如表 12-7 所示。

表 12-7　　　　　　　　　　　應付帳款明細表　　　　　　　　　　單位：元

序號	公司名稱	金額
1	上海三環公司	1,050,000
2	山東四方公司	850,000
3	廣東甲股份有限公司	195,000
	合計	2,095,000

（11）2016 年 11 月 30 日其他應付帳款明細表如表 12-8 所示。

表 12-8　　　　　　　　　　　其他應付帳款明細表　　　　　　　　　　單位：元

1	姓名	金額
2	王紅	1,000
3	胡華	1,000
	合計	2,000

（12）所有分配率保留小數點後四位數。
（13）1~11 月有關損益類會計科目累計發生額表如表 12-9 所示。

表 12-9　　　　　　　1~11 月有關損益類會計科目累計發生額表　　　　　　單位：元

序號	會計科目名稱	1~11 月累計發生額
1	主營業務收入	3,590,000

表12-9(續)

序號	會計科目名稱	1~11月累計發生額
2	其他業務收入	564,000
3	營業外收入	39,600
4	投資收益	20,000
5	主營業務成本	3,400,000
6	其他業務成本	456,280
7	稅金及附加	254,000
8	營業外支出	16,480
9	所得稅費用	0

（14）長期借款中有一筆是在2014年1月1日借入，借款金額為500,000元，借款期限為4年。

（15）2016年廣東燕塘公司12月發生的經濟業務如下：

①12月1日銷售部張三報銷差旅費2,600元，多餘的款項退回公司財務部。

②12月1日銷售產品一批給廣東A股份有限公司，不含稅的銷售單價為180元，款項還沒有收到，銷售數量為5,000個。

③12月2日從上海三環公司採購材料一批，取得了增值稅專用發票，入庫的材料數量為5,000個，每個材料不含稅的單價為20元，以銀行存款支付順豐物流公司運雜費1,000元，沒有取得增值稅專用發票，每個材料計劃單位成本為21元，採購貨款及稅費用以前預付帳款沖抵。

④12月3日從山東四方公司採購材料一批，取得了增值稅專用發票，入庫的材料數量為2,000個，每個材料不含稅的單價為30元，以銀行存款支付順豐物流公司運費（不含增值稅）930元，取得增值稅專用發票，稅率為11%。每個材料計劃單位成本為28元，採購貨款及稅費用以前預付帳款沖抵，沖抵后的差額用銀行存款支付。

⑤12月5日以現金支付車間主任的差旅費600元。

⑥12月6日收到前期廣東甲股份公司所欠的商業票據款456,000元，已辦妥銀行進帳手續。

⑦12月6日生產車間為了生產某產品，從公司領用材料一批，共計材料（計劃成本）425,000元。

⑧12月7日以銀行存款向南方都市報支付廣告費用3,000元，支付車間財產保險費用4,500元。

⑨12月8日向銀行申請銀行匯票一張，準備到山東四方公司採購材料一批，匯票金額200,000元，同時支付手續費50元。

⑩12月8日銷售產品一批，銷售數量為50個，不含稅單價為100元，開具了增值稅普通發票，對方以現金支付。

⑪12月9日以現金支付車間貨車的過路費用120元，加油費用350元。

⑫12 月 10 日向山東四方公司採購的材料入庫，取得了增值稅專用發票，不含稅的買價為 150,000 元，支付增值稅 25,500 元，該批材料的計劃成本為 145,000 元。多餘的款項已經退回。

⑬12 月 10 日向廣東丙公司採購材料一批，取得了增值稅普通發票，價稅合計 23,400元，增值稅稅率為 17%，已經辦理入庫手續，該批材料的計劃成本為 24,000 元。以銀行存款支付款項。

⑭12 月 15 日購進不需要安裝的生產設備一臺，不含稅的買價為 100,000 元，增值稅專用發票上註明的稅額為 17,000 元，款項已經支付，用該生產設備生產的產品是需要繳納增值稅的。

⑮12 月 20 日計提本月的人員工資 300,000 元，其中生產車間辦公室人員工資 42,000元，一線生產工人工資 223,000 元，管理部門人員工資 30,000 元，銷售部門人員工資 5,000 元。

⑯計提本期的固定折舊費用 22,500 元，其中生產車間 20,000 元，銷售部門 900 元，管理部門 1,600 元。

⑰歸集本期發生的製造費用，並結轉到生產成本中。

⑱計算並結轉材料成本差異。

⑲本期投入的產品全部完工，完工產品數量為 8,900 個，並進行正確的會計處理。

⑳計算本期應繳納的城市維護建設稅（7%），教育費附加（3%），並做出適當的會計處理。

㉑計提本期的應收帳款的壞帳準備（計提比率為 0.5%）。

㉒結轉本期的銷售成本。

㉓歸集本期損益類帳戶的發生額，並進行期末結轉。

㉔計算出本期的利潤額和本期應繳納的企業所得稅，並進行適當的會計處理。

㉕將本年實現的利潤或虧損結轉到利潤分配帳戶中。

㉖請填寫以下 12 月會計科目試算平衡表（見表 12-10）。

表 12-10　　　　　　　　12 月會計科目試算平衡表　　　　　　　單位：元

序號	會計科目	借方發生額	貸方發生額
1	銷售費用		
2	庫存現金		
3	其他應收款		
4	應收帳款		
5	主營業務收入		
6	應交稅費（增值稅）		
	應交稅費（其他稅）		
7	材料採購		
8	預付帳款		

表12-10(續)

序號	會計科目	借方發生額	貸方發生額
9	材料成本差異		
10	銀行存款		
11	原材料		
12	製造費用		
13	應收票據		
14	生產成本		
16	其他貨幣資金		
17	財務費用		
18	固定資產		
19	管理費用		
20	應付職工薪酬		
21	累計折舊		
22	稅金及附加		
23	庫存商品		
24	資產減值損失		
25	壞帳準備		
26	主營業務成本		
27	本年利潤		
28	所得稅費用		
29	利潤分配		
37	合計		

㉗請填寫以下2016年12月利潤表（見表12-11）。

表 12-11　　　　　　　　　　利潤表
編製單位：廣東燕塘公司　　　2016年12月　　　　　　　　單位：元

項目	行次	本月數	本年累計數
一、營業收入	1		
減：營業成本	2		
稅金及附加	3		
銷售費用	4		
管理費用	5		
財務費用	6		

表12-11(續)

項目	行次	本月數	本年累計數
資產減值損失	7		
加：公允價值變動收益	8		
投資收益	9		
二、營業利潤	10		
加：營業外收入	11		
減：營業外支出	12		
三、利潤總額	13		
減：所得稅費用	14		
四、淨利潤	15		

㉘請填寫以下資產負債表（見表12-12）。

表 12-12

編製單位：廣東燕塘公司　　　2016 年 12 月 31 日　　　單位：元

科目名稱	期初餘額	期末餘額	科目名稱	期初餘額	期末餘額
貨幣資金	1,931,200		短期借款	1,200,000	
交易性金融資產	30,000		應付票據	965,500	
應收票據	856,000		應付帳款	2,095,000	
應收帳款淨額	1,592,000		其他應付款	2,000	
預付帳款	200,000		應付職工薪酬	560,000	
其他應收款	5,600		應交稅費	159,800	
存貨	4,402,340		應付利息	2,000	
流動資產合計	9,017,140		其中一年內到期長期負債	150,000	
固定資產淨值	4,200,000		流動負債合計	5,134,300	
在建工程	3,000,000		長期借款	2,000,000	
無形資產	60,000		非流動負債合計	2,000,000	
長期待攤費用	350,000		股本	9,300,000	
非流動資產合計	7,610,000		盈餘公積	206,000	
			未分配利潤	-13,160	
			所有者權益合計	9,492,840	
資產合計	16,627,140		負債及所有者權益合計	16,627,140	

三、【實訓要求】

(1) 根據 12 月份發生的經濟業務，編製記帳憑證。
(2) 試算本月會計科目發生額平衡表，並填寫 12 月會計科目試算平衡表。
(3) 編製本月的利潤表。
(4) 編製資產負債表。

中級財務會計技能實訓答案

第一章　總論實訓答案

實訓一答案：

（1）對以融資租賃方式租入的生產機器設備可以作為固定資產增加處理，但以經營租賃方式租入的卡車不能作為固定資產增加處理。

（2）因為不能滿足銷售收入確認的四個條件，所以不能確認為銷售收入。

（3）收入是一種經常性活動，而職工遲到罰款是一種偶然性收入，因此不能確認為當期收入。

（4）按照企業會計準則的相關要求，對外捐贈款只能作為營業外支出處理。

（5）收到職工工作服押金計入「其他應付款」帳戶，因此構成企業的一項負債。

實訓二答案：

法律主體是一個獨立享受各項權利和承擔各種義務的經濟組織，符合有關法律規定的條件。一個生產企業是經過合法手續成立的一個經濟組織，是依照國家有關法律規定成立的，既受國家有關法律保護，同時又要承擔國家有關法律規定的義務，是一個真正的法律主體。企業內部的車間是沒有經過國家有關規定成立的，只是企業保障企業各項生產經營活動的參與者，只是得到企業內部承認，但不受國家有關法律承認的，不是一個法律主體。因此，企業是一個法律主體，也是一個會計主體，但企業的每個車間只能是會計主體，不能是法律主體。

實訓三答案：

按照企業會計準則的相關要求，對企業的無形資產和固定資產均計提減值準備、對存貨期末計價採用成本與可變現淨值孰低法、對應收款項按應收帳款餘額百分比法計提壞帳準備，體現了謹慎性原則。

對於企業發生的某項支出，金額較小的，雖從支出收益期看可在若干個會計期間進行分攤，但企業將其一次性計入當期損益。企業這樣處理是正確的，由於金額較小，不經過多期分攤，全部一次性計入當期損益，體現了實現重於形式的要求。

企業對以融資租賃方式租入的生產機器設備可以作為自有固定資產管理，計提固定資產折舊，體現了實質重於形式的要求。

對於以經營租賃方式租入的卡車這項固定資產在租賃期內每月均計提折舊是正確的，由於不會取得所有權，是不能計提固定資產折舊的，違背了實質重於形式的要求。

實訓四答案：

1. D　2. B　3. A　4. B　5. B　6. B　7. B　8. B　9. C

實訓五答案：

1. ABCD　2. ACD　3. AD　4. AB

第二章　資金崗位核算實訓答案

實訓一答案：

（1）借：其他貨幣資金	50,000
貸：銀行存款	50,000
借：原材料	42,000
銀行存款	8,000
貸：其他貨幣資金	50,000
（2）借：其他貨幣資金	80,000
貸：銀行存款	80,000
借：原材料	60,000
應交稅費——應交增值稅——進項稅額	10,200
銀行存款	9,800
貸：其他貨幣資金	80,000
（3）借：其他貨幣資金	200,000
貸：銀行存款	200,000
（4）借：其他貨幣資金	500,000
貸：銀行存款	500,000
借：原材料	400,000
應交稅費——應交增值稅——進項稅額	68,000
貸：其他貨幣資金	468,000
（5）借：其他貨幣資金	150,000
貸：銀行存款	150,000
（6）借：原材料	100,000
應交稅費——應交增值稅——進項稅額	17,000
銀行存款	33,000
貸：其他貨幣資金	150,000

實訓二答案：

（1）符合規定。
（2）不符合規定。
（3）符合規定。
（4）不符合規定。
（5）不符合規定。
（6）符合規定。
（7）符合規定。

實訓三答案：

（1）借：庫存現金　　　　　　　　　　　　　　　　　90,000
　　　　貸：銀行存款　　　　　　　　　　　　　　　　　90,000
（2）借：製造費用　　　　　　　　　　　　　　　　　　　800
　　　　貸：銀行存款　　　　　　　　　　　　　　　　　　　800
（3）借：應付職工薪酬　　　　　　　　　　　　　　　90,000
　　　　貸：庫存現金　　　　　　　　　　　　　　　　　90,000
（4）借：其他應收款——張蘭　　　　　　　　　　　　　900
　　　　貸：庫存現金　　　　　　　　　　　　　　　　　　900
（5）借：庫存現金　　　　　　　　　　　　　　　　　2,340
　　　　貸：主營業務收入　　　　　　　　　　　　　　2,000
　　　　　　應交稅費——應交增值稅——銷項稅額　　　　340
（6）借：其他應收款——李宏　　　　　　　　　　　　1,000
　　　　貸：庫存現金　　　　　　　　　　　　　　　　1,000
　　借：銷售費用——差旅費　　　　　　　　　　　　　850
　　　　庫存現金　　　　　　　　　　　　　　　　　　　150
　　　　貸：其他應收款——李宏　　　　　　　　　　　1,000
（7）借：管理費用　　　　　　　　　　　　　　　　　　600
　　　　貸：庫存現金　　　　　　　　　　　　　　　　　　600
（8）借：待處理財產損溢　　　　　　　　　　　　　　　20
　　　　貸：庫存現金　　　　　　　　　　　　　　　　　　20
　　借：其他應收款——李明　　　　　　　　　　　　　　20
　　　　貸：待處理財產損溢　　　　　　　　　　　　　　20

實訓四答案：

銀行存款餘額調節表　　　　　　　　　　單位：元

銀行存款餘額	362,500	銀行對帳單餘額	368,200
加：銀行已收企業未收	3,500	加：企業已收銀行未收	5,000
減：銀行已付企業未付	2,800	減：企業已付銀行未付	10,000
調整后餘額	363,200	調查后餘額	363,200

實訓五答案：

　　1. C　2. B　3. C　4. A　5. D　6. B　7. B　8. B　9. B　10. D

實訓六答案：

　　1. ABD　2. ABCD　3. CD　4. BCD

第三章　金融資產實訓答案

實訓一答案：

（1）劃入交易性金融資產。
（2）劃入持有至到期投資。
（3）劃入可供出售金融資產。
（4）劃入交易性金融資產。

實訓二答案：

借：交易性金融資產	10,500
投資收益	100
應收股利	500
貸：其他貨幣資金——存出投資款	11,100

實訓三答案：

借：交易性金融資產——成本	1,000,000
應收股利	50,000
投資收益	10,000
貸：其他貨幣資金——存出投資款	1,060,000

借：銀行存款　　　　　　　　　　　　　　　　　　　50,000
　　　　貸：應收股利　　　　　　　　　　　　　　　　　　　50,000
　　借：交易性金融資產——公允價值變動　　　　　　　120,000
　　　　貸：公允價值變動損益　　　　　　　　　　　　　　120,000
　　借：公允價值變動損益　　　　　　　　　　　　　　120,000
　　　　貸：投資收益　　　　　　　　　　　　　　　　　　120,000
　　借：銀行存款　　　　　　　　　　　　　　　　　　　30,000
　　　　貸：投資收益　　　　　　　　　　　　　　　　　　　30,000
　　借：銀行存款　　　　　　　　　　　　　　　　　　1,200,000
　　　　貸：交易性金融資產——成本　　　　　　　　　1,000,000
　　　　　　交易性金融資產——公允價值變動　　　　　　120,000
　　　　　　投資收益　　　　　　　　　　　　　　　　　　80,000
　　投資收益總額＝80,000+120,000+30,000－10,000＝220,000（元）

實訓四答案：

　　借：交易性金融資產——成本　　　　　　　　　　　1,000,000
　　　　應收利息　　　　　　　　　　　　　　　　　　　20,000
　　　　投資收益　　　　　　　　　　　　　　　　　　　　5,000
　　　　貸：其他貨幣資金——存出投資款　　　　　　　1,025,000
　　借：交易性金融資產——公允價值變動　　　　　　　60,000
　　　　貸：公允價值變動損益　　　　　　　　　　　　　　60,000
　　借：公允價值變動損益　　　　　　　　　　　　　　　60,000
　　　　貸：投資收益　　　　　　　　　　　　　　　　　　60,000
　　借：銀行存款　　　　　　　　　　　　　　　　　　　40,000
　　　　貸：投資收益　　　　　　　　　　　　　　　　　　40,000
　　借：銀行存款　　　　　　　　　　　　　　　　　　1,080,000
　　　　貸：交易性金融資產——成本　　　　　　　　　1,000,000
　　　　　　交易性金融資產——公允價值變動　　　　　　60,000
　　　　　　投資收益　　　　　　　　　　　　　　　　　　20,000

實訓五答案：

　　借：持有至到期投資——成本　　　　　　　　　　30,000,000
　　　　持有至到期投資——利息調整　　　　　　　　　832,650
　　　　貸：其他貨幣資金——存出投資款　　　　　　30,832,650
　　借：應收利息　　　　　　　　　　　　　　　　　1,500,000
　　　　貸：投資收益　　　　　　　　　　　　　　　　1,233,306
　　　　　　持有至到期投資——利息調整　　　　　　　　266,694

借：應收利息　　　　　　　　　　　　　　　　　　　　1,500,000
　　貸：投資收益　　　　　　　　　　　　　　　　　　　1,222,638
　　　　持有至到期投資——利息調整　　　　　　　　　　　277,362
借：應收利息　　　　　　　　　　　　　　　　　　　　1,500,000
　　貸：投資收益　　　　　　　　　　　　　　　　　　　1,211,406
　　　　持有至到期投資——利息調整　　　　　　　　　　　288,594
借：銀行存款　　　　　　　　　　　　　　　　　　　　30,000,000
　　貸：持有至到期投資——成本　　　　　　　　　　　 30,000,000

實訓六答案：

借：持有至到期投資——成本　　　　　　　　　　　　　12,500
　　貸：其他貨幣資金——存出投資款　　　　　　　　　 11,000.29
　　　　持有至到期投資——利息調整　　　　　　　　　 1,499.71
借：應收利息　　　　　　　　　　　　　　　　　　　　625
　　持有至到期投資——利息調整　　　　　　　　　　　255.023,2
　　貸：投資收益　　　　　　　　　　　　　　　　　　　880.023,2
借：應收利息　　　　　　　　　　　　　　　　　　　　625
　　持有至到期投資——利息調整　　　　　　　　　　　275.425,1
　　貸：投資收益　　　　　　　　　　　　　　　　　　　900.425,1
借：應收利息　　　　　　　　　　　　　　　　　　　　625
　　持有至到期投資——利息調整　　　　　　　　　　　297.459,1
　　貸：投資收益　　　　　　　　　　　　　　　　　　　922.459,1
借：應收利息　　　　　　　　　　　　　　　　　　　　625
　　持有至到期投資——利息調整　　　　　　　　　　　321.255,8
　　貸：投資收益　　　　　　　　　　　　　　　　　　　946.255,8
借：應收利息　　　　　　　　　　　　　　　　　　　　625
　　持有至到期投資——利息調整　　　　　　　　　　　350.546,9
　　貸：投資收益　　　　　　　　　　　　　　　　　　　975.546,9
借：銀行存款　　　　　　　　　　　　　　　　　　　　12,500
　　貸：持有至到期投資——成本　　　　　　　　　　　 12,500

實訓七答案：

該票據的到期值＝11,700＋11,700×6/12×9%＝11,700＋526.5＝12,226.5（元）
借：應收票據　　　　　　　　　　　　　　　　　　　　11,700
　　貸：主營業務收入　　　　　　　　　　　　　　　　　10,000
　　　　應交稅費——應交增值稅——銷項稅額　　　　　　1,700
借：應收票據　　　　　　　　　　　　　　　　　　　　526.5
　　貸：財務費用　　　　　　　　　　　　　　　　　　　526.5

借：銀行存款　　　　　　　　　　　　　　　　　　　　　　　12,226.5
　貸：應收票據　　　　　　　　　　　　　　　　　　　　　　　12,226.5

實訓八答案：

票據到期值＝20,000×3%×3/12＋20,000＝20,150（元）
貼現息＝20,150×6%×1/12＝100.75（元）
貼現額＝20,150－100.75＝20,049.25（元）

借：應收票據　　　　　　　　　　　　　　　　　　　　　　　20,000
　貸：主營業務收入　　　　　　　　　　　　　　　　　　　　 17,094.02
　　　應交稅費——應交增值稅——銷項稅額　　　　　　　　　 2,905.98
借：銀行存款　　　　　　　　　　　　　　　　　　　　　　　 20,049.25
　貸：應收票據　　　　　　　　　　　　　　　　　　　　　　　20,000
　　　財務費用　　　　　　　　　　　　　　　　　　　　　　　 49.25

實訓九答案：

（1）到期值＝20,000×（30+31+28+31+15）×3%/360+20,000＝20,225（元）
（2）貼現息＝20,225×（15+31+28+31+15+3）×6%/360＝414.61（元）
（3）貼現淨額＝20,225－414.61＝19,810.39（元）

借：應收票據　　　　　　　　　　　　　　　　　　　　　　　20,000
　貸：主營業務收入　　　　　　　　　　　　　　　　　　　　 17,094.02
　　　應交稅費——應交增值稅——銷項稅額　　　　　　　　　 2,905.98
借：銀行存款　　　　　　　　　　　　　　　　　　　　　　　 19,810.39
　　財務費用　　　　　　　　　　　　　　　　　　　　　　　　189.61
　貸：應收票據　　　　　　　　　　　　　　　　　　　　　　　20,000

實訓十答案：

（1）借：應收帳款　　　　　　　　　　　　　　　　　　　　5,850,000
　　　貸：應交稅費——應交增值稅——銷項稅額　　　　　　　850,000
　　　　　主營業務收入　　　　　　　　　　　　　　　　　 5,000,000
（2）借：壞帳準備　　　　　　　　　　　　　　　　　　　　　10,000
　　　貸：應收帳款　　　　　　　　　　　　　　　　　　　　　10,000
（3）借：銀行存款　　　　　　　　　　　　　　　　　　　　　 8,000
　　　貸：應收帳款　　　　　　　　　　　　　　　　　　　　　 8,000
　　借：應收帳款　　　　　　　　　　　　　　　　　　　　　　 8,000
　　　貸：壞帳準備　　　　　　　　　　　　　　　　　　　　　 8,000
（4）借：銀行存款　　　　　　　　　　　　　　　　　　　　　400,000
　　　貸：應收帳款　　　　　　　　　　　　　　　　　　　　 400,000
（5）借：資產減值損失　　　　　　　　　　　　　　　　　　　29,200

貸：壞帳準備　　　　　　　　　　　　　　　　　　　　29,200

實訓十一答案：

　　借：可供出售金融資產——成本　　　　　　　　　　　1,250,000
　　　貸：銀行存款　　　　　　　　　　　　　　　　　　1,155,205
　　　　　可供出售金融資產——利息調整　　　　　　　　　94,795
　　借：應收利息　　　　　　　　　　　　　　　　　　　　100,000
　　　　可供出售金融資產——利息調整　　　　　　　　　　 15,521
　　　貸：投資收益　　　　　　　　　　　　　　　　　　　115,521
　　借：銀行存款　　　　　　　　　　　　　　　　　　　1,220,000
　　　　可供出售金融資產——利息調整　　　　　　　　　　 79,274
　　　貸：可供出售金融資產——成本　　　　　　　　　　1,250,000
　　　　　投資收益　　　　　　　　　　　　　　　　　　　 49,274

實訓十二答案：

　　借：可供出售金融資產——成本　　　　　　　　　　　2,000,000
　　　貸：銀行存款　　　　　　　　　　　　　　　　　　2,000,000
　　借：可供出售金融資產——公允價值變動　　　　　　　　60,000
　　　貸：資本公積　　　　　　　　　　　　　　　　　　　 60,000
　　借：資本公積　　　　　　　　　　　　　　　　　　　　140,000
　　　貸：可供出售金融資產——公允價值變動　　　　　　　140,000
　　借：資本公積　　　　　　　　　　　　　　　　　　　　320,000
　　　貸：可供出售金融資產——公允價值變動　　　　　　　320,000
　　借：銀行存款　　　　　　　　　　　　　　　　　　　1,900,000
　　　　投資收益　　　　　　　　　　　　　　　　　　　　100,000
　　　　可供出售金融資產——公允價值變動　　　　　　　　400,000
　　　貸：可供出售金融資產——成本　　　　　　　　　　2,000,000
　　　　　資本公積　　　　　　　　　　　　　　　　　　　400,000

實訓十三答案：

　　1. B　2. D　3. A　4. B　5. B　6. D　7. C

實訓十四答案：

　　1. ACD　2. BC　3. AC　4. AB

第四章 存貨及應付款項實訓答案

實訓一答案：

業務（1）存貨增加 102,000 元。
業務（2）存貨減少 100,000 元。
業務（3）存貨增加 100,000 元。
因此，本月存貨增加 = 102,000+100,000-100,000 = 102,000（元）
期末存貨餘額 = 200,000+102,000 = 302,000（元）

實訓二答案：

（1）借：其他貨幣資金　　　　　　　　　　　　　　　300,000
　　　　貸：銀行存款　　　　　　　　　　　　　　　　　　300,000
（2）借：原材料　　　　　　　　　　　　　　　　　　255,000
　　　　應交稅費——應交增值稅——進項稅額　　　　　43,050
　　　　貸：其他貨幣資金　　　　　　　　　　　　　　　298,050
（3）借：銀行存款　　　　　　　　　　　　　　　　　1,950
　　　　貸：其他貨幣資金　　　　　　　　　　　　　　　1,950
（4）借：原材料　　　　　　　　　　　　　　　　　　102,702.7
　　　　應交稅費——應交增值稅——進項稅額　　　　　17,297.3
　　　　貸：應付帳款　　　　　　　　　　　　　　　　　120,000
（5）借：原材料　　　　　　　　　　　　　　　　　　33,000
　　　　貸：應付帳款——暫估應付帳　　　　　　　　　　33,000
　　借：應付帳款——暫估應付款　　　　　　　　　　　33,000
　　　　貸：原材料　　　　　　　　　　　　　　　　　　33,000
　　借：原材料　　　　　　　　　　　　　　　　　　　30,000
　　　　應交稅費——應交增值稅——進項稅額　　　　　5,100
　　　　貸：銀行存款　　　　　　　　　　　　　　　　　35,100
（6）借：原材料　　　　　　　　　　　　　　　　　　117,000
　　　　貸：銀行存款　　　　　　　　　　　　　　　　　117,000
（7）借：原材料　　　　　　　　　　　　　　　　　　5,825.24
　　　　應交稅費——應交增值稅——進項稅額　　　　　174.76
　　　　貸：銀行存款　　　　　　　　　　　　　　　　　6,000

實訓三答案：

（1）借：材料採購　　　　　　　　　　　　　　　　　70,400
　　　　應交稅費——應交增值稅——進項稅額　　　　　11,968

   贷：应付帐款   82,368

  借：原材料   68,600

   贷：材料采购   68,600

  借：材料成本差异   1,800

   贷：材料采购   1,800

2. 借：材料采购   80,000

    应交税费——应交增值税——进项税额   13,600

   贷：应付票据   93,600

  借：原材料   72,000

    材料成本差异   8,000

   贷：材料采购   80,000

实训四答案：

（1）按先进先出法计算如下：

表4-1   某公司2016年1月库存A商品明细帐（部分）

2014年		凭证编号	摘要	收入			发出			结存		
月	日			数量（千克）	单价（元）	金额（元）	数量（千克）	单价（元）	金额（元）	数量（千克）	单价（元）	金额（元）
1	1	略	期初余额							500	12	6,000
	5		购入	800	14	11,200				1,300		17,200
	12		发出				900		11,600	400		5,600
	15		发出				200		2,800	200		2,800
	28		购入	600	17	10,200				800		13,000
	29		发出				300		4,500	500		8,500

12日发出材料成本＝500×12+400×14＝6,000+5,600＝11,600（元）

12日结存材料成本＝14×400＝5,600（元）

15日发出材料成本＝14×200＝2,800（元）

29日发出材料成本＝14×200+100×17＝4,500（元）

29日结存材料成本＝500×17＝8,500（元）

（2）按月末一次加权平均法计算如下：

存货平均单价＝（500×12+800×14+600×17）/（500+800+600）

      ＝27,400/1,900＝14.421,1（元）

发出材料的成本＝（900+200+300）×14.421,1＝20,189.54（元）

结转材料的成本＝27,400-20,189.54＝7,210.46（元）

（3）按移动加权平均法计算如下：

第一次加权平均成本＝（500×12+800×14）/（500+800）

       ＝17,200/1,300

       ＝13.230,8（元）

12 日發出材料成本＝13,230.8×900＝11,907.72（元）

15 日發出材料成本＝13,230.8×200＝2,646.16（元）

第二次加權平均成本＝（500×12+800×14-11,907.22-2,646.16+600×17）/（200+600）＝12,846.12/800＝16.057,7（元）

29 日發出材料成本＝300×16.057,7＝4,817.31（元）

月底結存材料成本＝12,846.12-4,817.31＝8,028.81（元）

實訓五答案：

（1）

①借：材料採購　　　　　　　　　　　　　　　16,905
　　　應交稅費——應交增值稅——進項稅額　　　2,849.55
　　　貸：銀行存款　　　　　　　　　　　　　　19,754.55
　借：原材料　　　　　　　　　　　　　　　　　15,000
　　　材料成本差異　　　　　　　　　　　　　　1,905
　　　貸：材料採購　　　　　　　　　　　　　　16,905
②借：材料採購　　　　　　　　　　　　　　　　27,500
　　　應交稅費——應交增值稅——進項稅額　　　4,590
　　　貸：應付帳款　　　　　　　　　　　　　　32,090
　借：原材料　　　　　　　　　　　　　　　　　30,000
　　　貸：材料成本差異　　　　　　　　　　　　2,500
　　　　　材料採購　　　　　　　　　　　　　　27,500
③借：材料採購　　　　　　　　　　　　　　　　24,000
　　　應交稅費——應交增值稅——進項稅額　　　4,080
　　　貸：銀行存款　　　　　　　　　　　　　　28,080
④借：原材料　　　　　　　　　　　　　　　　　18,500
　　　貸：材料採購　　　　　　　　　　　　　　18,500
　借：其他應收款　　　　　　　　　　　　　　　1,800
　　　貸：材料採購　　　　　　　　　　　　　　1,800
　借：材料成本差異　　　　　　　　　　　　　　3,700
　　　貸：材料採購　　　　　　　　　　　　　　3,700

（2）材料成本差異率＝（-800+1,905-2,500+3,700）/（20,000+15,000+30,000+18,500）
　　　　　　　　　　＝2,305/83,500＝0.027,6

（3）發出材料應承擔的材料成本差異＝143.52（元）

借：生產成本　　　　　　　　　　　　　　　　　52,143.52
　貸：原材料　　　　　　　　　　　　　　　　　52,000
　　　材料成本差異　　　　　　　　　　　　　　143.52

實訓六答案：

借：資產減值損失　　　　　　　　　　　　　　　　　3,000
　　貸：存貨跌價準備　　　　　　　　　　　　　　　　　　3,000
借：資產減值損失　　　　　　　　　　　　　　　　　4,000
　　貸：存貨跌價準備　　　　　　　　　　　　　　　　　　4,000
借：存貨跌價準備　　　　　　　　　　　　　　　　　4,500
　　貸：資產減值損失　　　　　　　　　　　　　　　　　　4,500
借：存貨跌價準備　　　　　　　　　　　　　　　　　2,500
　　貸：資產減值損失　　　　　　　　　　　　　　　　　　2,500

實訓七答案：

1. B　2. B　3. A　4. D　5. C　6. C　7. A　8. A

實訓八答案：

1. ABCD　2. ABC　3. BCD　4. BCD　5. AB

第五章　長期股權投資實訓答案

實訓一答案：

（1）借：長期股權投資——成本　　　　　　　　　　1,100,000
　　　　貸：銀行存款　　　　　　　　　　　　　　　　　1,100,000
（2）借：長期股權投資——成本　　　　　　　　　　1,127,500
　　　　貸：銀行存款　　　　　　　　　　　　　　　　　1,100,000
　　　　　　營業外收入　　　　　　　　　　　　　　　　　27,500

實訓二答案：

（1）借：長期股權投資——成本　　　　　　　　　　1,800,000
　　　　貸：銀行存款　　　　　　　　　　　　　　　　　1,650,000
　　　　　　營業外收入　　　　　　　　　　　　　　　　　150,000
　　借：長期股權投資——損益調整　　　　　　　　　450,000
　　　　貸：投資收益　　　　　　　　　　　　　　　　　　450,000
　　借：應收股利　　　　　　　　　　　　　　　　　　300,000
　　　　貸：長期股權投資——損益調整　　　　　　　　　300,000
　　借：投資收益　　　　　　　　　　　　　　　　　　600,000
　　　　貸：長期股權投資——損益調整　　　　　　　　　600,000

（2）2014年年末長期股權投資的帳面價值＝180+45＝225（萬元）
2015年年末長期股權投資的帳面價值＝225-30-60＝135（萬元）

實訓三答案：

借：長期股權投資——成本	1,200
貸：銀行存款	1,200

2014年年末不進行帳務處理。

借：應收股利	120
貸：投資收益	120
借：銀行存款	120
貸：應收股利	120

2015年虧損，不進行帳務處理。

借：銀行存款	800
投資收益	400
貸：長期股權投資	1,200

實訓四答案：

1. A　2. B　3. D　4. A　5. C

實訓五答案：

1. AB　2. ABD　3. AB

第六章　固定資產實訓答案

實訓一答案：

廠房、各車間的生產設備、各車間的電風扇、以經營租賃方式租入的倉庫歸類為生產經營用的固定資產；辦公樓、職工宿舍、辦公設備、辦公室的電風扇為非生產經營用設備。

實訓二答案：

借：工程物資	585,000
貸：銀行存款	585,000
借：在建工程	585,000
貸：工程物資	585,000
借：在建工程	35,100
貸：原材料	30,000
應交稅費——應交增值稅——進項稅額轉出	5,100

借：在建工程 291,000
　　貸：庫存商品 240,000
　　　　應交稅費——應交增值稅——銷項稅額 51,000
借：在建工程 150,000
　　貸：應付職工薪酬 150,000
借：固定資產 1,061,100
　　貸：在建工程 1,061,100

實訓三答案：

借：在建工程 1,200,000
　　貸：銀行存款 1,200,000
借：在建工程 800,000
　　貸：銀行存款 800,000
借：固定資產 2,000,000
　　貸：在建工程 2,000,000

實訓四答案：

（1）借：固定資產 800,000
　　　　應交稅費——應交增值稅——進項稅額 136,000
　　　貸：銀行存款 936,000
（2）借：固定資產 20,000
　　　　應交稅費——應交增值稅——進項稅額 3,400
　　　貸：銀行存款 23,400
（3）借：固定資產 12,000
　　　貸：應付帳款 12,000
（4）借：固定資產 20,000
　　　　應交稅費——應交增值稅——進項稅額 600
　　　貸：銀行存款 20,600
（5）借：固定資產 10,000
　　　　應交稅費——應交增值稅——進項稅額 1,700
　　　貸：銀行存款 11,700
（6）借：固定資產 2,340,000
　　　貸：應付票據 2,340,000
（7）借：工程物資 5,850,000
　　　貸：銀行存款 5,850,000
（8）借：在建工程 117,000
　　　貸：原材料 100,000
　　　　應交稅費——應交增值稅——進項稅額轉出 17,000

(9) 借：在建工程		365,000
貸：應付職工薪酬		200,000
銀行存款		165,000
(10) 借：在建工程		600,000
應交稅費——應交增值稅——進項稅額		102,000
貸：應付票據		702,000
借：在建工程		78,500
貸：原材料		50,000
應交稅費——應交增值稅——進項稅額轉出		8,500
應付職工薪酬		20,000
(11) 借：在建工程		2,415,400
累計折舊		234,600
貸：固定資產		2,650,000
借：銀行存款		100,000
貸：在建工程		100,000
借：在建工程		500,000
貸：銀行存款		500,000
借：固定資產		2,815,400
貸：在建工程		2,815,400

實訓五答案：

　　正在運轉的機器設備、經營租賃租出的機器設備、季節性停用的機器設備、融資租賃租入的機器設備、閒置的倉庫是需要計提折舊的。已提足折舊仍繼續使用的機器設備是不需要計提折舊的。

實訓六答案：

(1) 借：在建工程		95,000
貸：銀行存款		95,000
借：在建工程		23,400
貸：原材料		20,000
應交稅費——應交增值稅——進項稅額轉出		3,400
借：在建工程		3,200
貸：銀行存款		3,200
借：固定資產		121,600
貸：在建工程		121,600

(2) ①按平均年限法計算如下：

年折舊額＝（121,600+3,000-2,000）/5＝24,520（元）

②按年限總和法計算如下：

第一年折舊率＝5/15＝1/3

2016 年折舊額＝（121,600+3,000-2,000）×1/3/12×9＝30,650（元）

第二年折舊率＝4/15＝0.266,7

2017 年折舊額＝（121,600+3,000-2,000）×1/3/12×3+（121,600+3,000-2,000）×0.266,7/12×9＝10,216.67+24,523.07＝34,739.74（元）

第三年折舊率＝3/15＝0.2

2018 年折舊額＝（121,600+3,000-2,000）×0.266,7/12×3-19,714.68+（121,600+3,000-2,000）×0.2/12×9＝8,174.36+18,390＝26,564.36（元）

第四年折舊率＝2/15＝0.133,3

2019 年折舊額＝（121,600+3,000-2,000）×0.2/12×3+（121,600+3,000-2,000）×0.133,3/12×9＝6,130+12,256.94＝18,386.94（元）

第五年折舊率＝1/15＝0.066,7

2020 年折舊額＝（121,600+3,000-2000）×0.133,3/12×3+（121,600+3,000-2,000）×0.066,7/12×9＝4,085.65+6,133.07＝10,218.72（元）

2021 年折舊額＝121,600+3,000-2,000-30,650-34,739.74-26,564.36-18,386.94-10,218.72＝2,040.24（元）

③按雙倍餘額法計算如下：

年折舊率＝1/5×2＝0.4

第一年折舊額＝122,600×0.4＝49,040（元）

第二年折舊額＝（122,600-49,040）×0.4＝29,424（元）

第三年折舊額＝（122,600-49,040-29,424）×0.4＝17,654.4（元）

第四年、第五年折舊額＝（122,600-49,040-29,424-17,654.4）/2＝13,240.8（元）

2016 年折舊額＝49,040/12×9＝36,780（元）

2017 年折舊額＝49,040/12×3+29,424/12×9＝12,260+22,068＝34,328（元）

2018 年折舊額＝29,424/12×3+17,654.4/12×9＝7,356+13,240.8＝20,596.8（元）

2019 年折舊額＝17,654.4/12×3+13,240.8/12×9＝4,413.6+9,930.6＝14,344.2（元）

2020 年折舊額＝（122,600-49,040-29,424-17,654.4）/2＝13,240.8（元）

2021 年折舊額＝（122,600-49,040-29,424-17,654.4）/2/12×3＝3,310.2（元）

實訓七答案：

借：管理費用		20,000
銷售費用		6,200
貸：應付職工薪酬		20,000
銀行存款		6,200

實訓八答案：

固定資產已經計提折舊額＝（4,520,000-25,000+38,000）/25×4＝725,280（元）

借：在建工程	3,794,720
累計折舊	725,280
貸：固定資產	4,520,000
借：銀行存款	45,300
貸：在建工程	45,300
借：在建工程	234,000
貸：銀行存款	234,000
借：在建工程	586,000
貸：銀行存款	586,000
借：固定資產	4,569,420
貸：在建工程	4,569,420

實訓九答案：

（1）借：固定資產清理	280,000
累計折舊	20,000
貸：固定資產	300,000
借：銀行存款	290,000
貸：固定資產清理	290,000
借：固定資產清理	1,000
貸：銀行存款	1,000
借：固定資產清理	9,000
貸：營業外收入	9,000
（2）借：固定資產清理	190,000
累計折舊	80,000
固定資產減值準備	30,000
貸：固定資產	300,000
借：銀行存款	90,000
貸：固定資產清理	90,000
借：銀行存款	3,200
貸：固定資產清理	3,200
借：營業外支出	96,800
貸：固定資產清理	96,800

實訓十答案：

（1）借：待處理財產損溢	4,800

    累計折舊   5,000
     貸：固定資產   9,800
  借：營業外支出   4,800
    貸：待處理財產損溢   4,800
 （2）借：固定資產   60,000
     貸：以前年度損益調整   60,000
  借：以前年度損益調整   15,000
    貸：應交稅費——應交所得稅   15,000
  借：以前年度損益調整   45,000
    貸：利潤分配——未分配利潤   45,000

實訓十答案：

  1. B 2. C 3. D 4. A 5. B 6. D 7. D 8. B 9. C 10. A

實訓十一答案：

  1. AB 2. ABD 3. ABCD 4. ABC 5. CD 6. ABC

第七章 無形資產實訓答案

實訓一答案：

  （1）不能確認為無形資產。
  （2）按照現行企業會計準則的規定，計入隨同購進的固定資產價值中，不需要單獨確認為無形資產。
  （3）可以確認為無形資產。
  （4）可以確認為無形資產。
  （5）在研發產品成功之前，不能確認為無形資產。

實訓二答案：

  （1）借：研發支出——資本性支出   3,650,000
     研發支出——費用性支出   1,150,000
    貸：原材料   1,000,000
      應付職工薪酬   550,000
      累計折舊   250,000
      銀行存款   3,000,000
  （2）借：研發支出——資本性支出   430,000
     貸：原材料   200,000

應付職工薪酬		100,000
累計折舊		50,000
銀行存款		80,000

（3）借：無形資產　　　　　　　　　　　　　　　　　4,115,000
　　　貸：研發支出——資本性支出　　　　　　　　　4,080,000
　　　　　銀行存款　　　　　　　　　　　　　　　　　　35,000
（4）借：無形資產　　　　　　　　　　　　　　　　　1,030,000
　　　貸：銀行存款　　　　　　　　　　　　　　　　1,030,000

實訓三答案：

（1）借：無形資產　　　　　　　　　　　　　　　　　5,000,000
　　　貸：銀行存款　　　　　　　　　　　　　　　　5,000,000
（2）借：管理費用　　　　　　　　　　　　　　　　　　625,000
　　　貸：累計攤銷　　　　　　　　　　　　　　　　　625,000
（3）借：管理費用　　　　　　　　　　　　　　　　　　625,000
　　　貸：累計攤銷　　　　　　　　　　　　　　　　　625,000

實訓四答案：

2014 年、2015 年每年攤銷金額 = 500/10 = 50（萬元）
2016 年攤銷金額為 500/10/12×2 = 8.333 3（萬元）
2014 年帳務處理如下：
借：無形資產　　　　　　　　　　　　　　　　　　5,000,000
　　貸：銀行存款　　　　　　　　　　　　　　　　5,000,000
借：管理費用　　　　　　　　　　　　　　　　　　　500,000
　　貸：累計攤銷　　　　　　　　　　　　　　　　　500,000
2015 年帳務處理如下：
借：管理費用　　　　　　　　　　　　　　　　　　　500,000
　　貸：累計攤銷　　　　　　　　　　　　　　　　　500,000
2016 年帳務處理如下：
借：管理費用　　　　　　　　　　　　　　　　　　　 83,333
　　貸：累計攤銷　　　　　　　　　　　　　　　　　 83,333
借：銀行存款　　　　　　　　　　　　　　　　　　2,000,000
　　累計攤銷　　　　　　　　　　　　　　　　　　1,083,333
　　營業外支出　　　　　　　　　　　　　　　　　2,031,667
　　貸：無形資產　　　　　　　　　　　　　　　　5,000,000
　　　　應交稅費——應交增值稅——銷項稅額　　　　120,000

第八章　借款費用實訓

實訓一答案：

2015 年專門借款利息金額 = 3,500×6%+6,000×7%×6/12 = 420（萬元）
2016 年專門借款發生的利息金額 = 3,500×6%+6,000×7% = 630（萬元）
2015 年短期投資收益 = 500×0.4%×6+2,500×0.4%×6 = 72（萬元）
2016 年短期投資收益 = 500×0.4%×6 = 12（萬元）
2015 年資本化金額 420−72 = 348（萬元）
2016 年資本化金額 630−12 = 618（萬元）
2015 年 12 月 31 日帳務處理如下：
　借：在建工程　　　　　　　　　　　　　　　3,480,000
　　　應收利息或銀行存款　　　　　　　　　　　 720,000
　　貸：應付利息　　　　　　　　　　　　　　　4,200,000
2016 年 12 月 31 日帳務處理如下：
　借：在建工程　　　　　　　　　　　　　　　6,180,000
　　　應收利息或銀行存款　　　　　　　　　　　 120,000
　　貸：應付利息　　　　　　　　　　　　　　　6,300,000
　借：固定資產　　　　　　　　　　　　　　　9,660,000
　　貸：在建工程　　　　　　　　　　　　　　　9,660,000

實訓二答案：

一般性借款利率 =（4,000×7%+5,000×9%）/（4,000+5,000）= 8.111,1%
計算累計資產支出加權平均數如下：
2015 年累計資產支出加權平均數 = 2,000×12/12+3,000×6/12 = 3,500（萬元）
2016 年累計資產支出加權平均數 = 8,000×12/12+1,000×6/12 = 8,500（萬元）
2015 年利息資本化金額 = 3,500×8.111,1% = 283.888,5（萬元）
2015 年實際發生一般借款利息金額 = 4,000×7%+5,000×9% = 730（萬元）
2016 年利息資本化金額 = 8,500×8.111,1% = 689.443,5（萬元）
2016 年實際發生一般借款利息金額 = 4,000×7%+5,000×9% = 730（萬元）
2015 年 12 月 31 日會計處理如下：
　借：在建工程　　　　　　　　　　　　　　　2,838,885
　　　財務費用　　　　　　　　　　　　　　　4,461,115
　　貸：應付利息　　　　　　　　　　　　　　　7,300,000
2016 年 12 月 31 日會計處理如下：

借：在建工程	6,894,435
財務費用	405,565
貸：應付利息	7,300,000

實訓三答案：

1. ABCD   2. ABC   3. ABCD

第九章　負債實訓答案

實訓一答案：

利息分攤一覽表　　　　　　　　　　單位：萬元

付息日期	支付利息 （1）=面值×10%	利息費用 （2）= 上期（4）×8%	攤銷的利息調整 （3）= （1）-（2）	應付債券攤餘成本 （4）=上期（4）-（3）
2014年12月31日	20	16.824,2	3.175,8	207.126,2
2015年12月31日	20	16.570,1	3.429,9	203.696,3
2016年12月31日	20	16.303,7	3.696,3	200
合計			10.302	

2014年會計業務處理如下：

借：銀行存款	2,103,020
貸：應付債券——面值	2,000,000
應付債券——溢價	103,020
借：財務費用	168,242
應付債券——溢價	31,758
貸：應付利息	200,000
借：應付利息	200,000
貸：銀行存款	200,000

2015年會計業務處理如下：

借：財務費用	165,701
應付債券——溢價	34,299
貸：應付利息	200,000
借：應付利息	200,000
貸：銀行存款	200,000

2016年會計業務處理如下：

借：財務費用	163,037
應付債券——溢價	36,963
貸：應付利息	200,000

借：應付利息　　　　　　　　　　　　　　　　　　　200,000
　　應付債券——面值　　　　　　　　　　　　　　　2,000,000
　貸：銀行存款　　　　　　　　　　　　　　　　　　2,200,000

實訓二答案：

利息分攤一覽表　　　　　　　　　　　　　　單位：萬元

付息日期	支付利息 （1）＝面值×8%	利息費用 （2）＝ 上期（4）×10%	攤銷的利息調整 （3）＝ （2）-（1）	應付債券攤餘成本 （4）＝ 上期（4）+（3）
2014年12月31日	16	19.005	3.005	193.055,4
2015年12月31日	16	19.305,5	3.305,5	196.361,0
2016年12月31日	16	19.639,1	3.639,1	200
合計				

2014年會計業務處理如下：
借：銀行存款　　　　　　　　　　　　　　　　　　　1,900,504
　　應付債券——折價　　　　　　　　　　　　　　　　99,496
　貸：應付債券——面值　　　　　　　　　　　　　　2,000,000
借：財務費用　　　　　　　　　　　　　　　　　　　　190,050
　貸：應付利息　　　　　　　　　　　　　　　　　　　160,000
　　　應付債券——折價　　　　　　　　　　　　　　　　30,050
借：應付利息　　　　　　　　　　　　　　　　　　　　160,000
　貸：銀行存款　　　　　　　　　　　　　　　　　　　160,000

2015年會計業務處理如下：
借：財務費用　　　　　　　　　　　　　　　　　　　　193,055
　貸：應付利息　　　　　　　　　　　　　　　　　　　160,000
　　　應付債券——折價　　　　　　　　　　　　　　　　33,055
借：應付利息　　　　　　　　　　　　　　　　　　　　160,000
　貸：銀行存款　　　　　　　　　　　　　　　　　　　160,000

2016年會計業務處理如下：
借：財務費用　　　　　　　　　　　　　　　　　　　　196,391
　貸：應付利息　　　　　　　　　　　　　　　　　　　160,000
　　　應付債券——折價　　　　　　　　　　　　　　　　36,391
借：應付利息　　　　　　　　　　　　　　　　　　　　160,000
　　應付債券——面值　　　　　　　　　　　　　　　2,000,000
　貸：銀行存款　　　　　　　　　　　　　　　　　　2,160,000

實訓三答案：

2014 年會計業務處理如下：
借：銀行存款　　　　　　　　　　　　　　　　　　2,000,000
　　貸：應付債券——面值　　　　　　　　　　　　　　　　2,000,000
借：財務費用　　　　　　　　　　　　　　　　　　　200,000
　　貸：應付利息　　　　　　　　　　　　　　　　　　　200,000
借：應付利息　　　　　　　　　　　　　　　　　　　200,000
　　貸：銀行存款　　　　　　　　　　　　　　　　　　　200,000
2015 年會計業務處理如下：
借：財務費用　　　　　　　　　　　　　　　　　　　200,000
　　貸：應付利息　　　　　　　　　　　　　　　　　　　200,000
借：應付利息　　　　　　　　　　　　　　　　　　　200,000
　　貸：銀行存款　　　　　　　　　　　　　　　　　　　200,000
2016 年會計業務處理如下：
借：財務費用　　　　　　　　　　　　　　　　　　　200,000
　　貸：應付利息　　　　　　　　　　　　　　　　　　　200,000
借：應付利息　　　　　　　　　　　　　　　　　　　200,000
　　應付債券——面值　　　　　　　　　　　　　　　2,000,000
　　貸：銀行存款　　　　　　　　　　　　　　　　　　2,200,000

實訓四答案：

代扣水電明細表如下：

部門	姓名	用水量（噸）	單價（元/噸）	金額（元）	用電量（度）	單價（元/度）	金額（元）	合計（元）
財務部	李一	5	2.85	14.25	50	0.65	32.5	46.75
採購部	張一	6	2.85	17.1	50	0.65	32.5	49.6
人事部	王一	5	2.85	14.25	40	0.65	26	40.25
人事部	王二	4	2.85	11.4	40	0.65	26	37.4
工程開發部	萬一	5	2.85	14.25	80	0.65	52	66.25
工程開發部	萬二	6	2.85	17.1	80	0.65	52	69.1
車間辦公室	陳一	8	2.85	22.8	50	0.65	32.5	55.3
車間辦公室	陳二	4	2.85	11.4	80	0.65	52	63.4
車間生產線	董一	5	2.85	14.25	60	0.65	39	53.25
車間生產線	董二	5	2.85	14.25	50	0.65	32.5	46.75

表(續)

部門	姓名	用水量（噸）	單價（元/噸）	金額（元）	用電量（度）	單價（元/度）	金額（元）	合計（元）
銷售部	湯一	5	2.85	14.25	60	0.65	39	53.25
	湯二	4	2.85	11.4	40	0.65	26	37.4

製表：　　　　　　　　　　　　　　　審核：

代扣「五險」明細表如下：

部門	姓名	計提基數	工傷保險（0）	養老保險（8%）	醫療保險（2%）	生育保險（0）	失業保險（0.1%）	合計
財務部	李一	10,700		856	214		10.7	1,080.7
	李二	6,700		536	134		6.7	676.7
小計		17,400		1,392	348		17.4	1,757.4
採購部	張一	5,200		416	104		5.2	525.2
	張二	4,450		356	89		4.45	449.45
小計		9,650		772	193		9.65	974.65
人事部	王一	7,100		568	142		7.1	717.1
	王二	5,060		404.8	101.2		5.06	511.06
小計		12,160		972.8	243.2		12.16	1,228.16
工程開發部	萬一	7,800		624	156		7.8	787.8
	萬二	7,350		588	147		7.35	742.35
小計		15,150		1,212	303		15.15	1,530.15
車間辦公室	陳一	9,900		792	198		9.9	999.9
	陳二	7,960		636.8	159.2		7.96	803.96
小計		17,860		1,428.8	357.2		17.86	1,083.86
車間生產線	董一	3,550		284	71		3.55	358.55
	董二	3,550		284	71		3.55	358.55
	董三	3,550		284	71		3.55	358.55
	董四	3,550		284	71		3.55	358.55
小計		14,200		1,136	284		14.2	1,434.2
銷售部	湯一	3,100		248	62		3.1	313.1
	湯二	3,100		248	62		3.1	313.1
小計		6,200		496	124		6.2	626.2
總計		92,620		7,409.6	1,852.4		92.62	9,354.62

製表：　　　　　　　　　　　　　　　審核：

2014年8月工資表

單位：元

部門	姓名	基本工資	職務工資	崗位工資	獎金	交通補貼	誤餐補貼	應發合計	事假扣款	病假扣款	遲到扣款	曠工扣款	代扣水電費	代扣五險	代扣個稅	扣款合計	實發合計
財務部	李一	8,000	1,000	500	600	400	200	10,700	147.59			491.95	46.75	1,080.7	540.95	2,307.94	8392.06
	李二	4,800	800	300	200	400	200	6,700	308.05		40.00			676.7	112.53	1,137.28	5562.72
小計		12,800	1,800					17,400	308.05			491.95	46.75	1,757.4	653.48		13954.78
採購部	張一	3,500	600	200	300	400	200	5,200				239.08	49.6	525.2	28.07	841.95	4358.05
	張二	3,000	500	150	200	400	200	4,450	409.20		160.00			449.45	0	1,018.65	3431.35
小計		6,500	1,100					9,650	409.20			239.08	49.6	974.65	28.07		7789.40
人事部	王一	5,000	700	300	500	400	200	7,100	1,305.75				40.25	717.1	47.31	2,110.41	4989.59
	王二	3,600	500	120	240	400	200	5,060	465.29				37.4	511.06	17.51	1,031.26	4,028.74
小計		8,600	1,200					12,160	1,771.04				77.65	1,228.16	64.82		9018.33
工程開發部	萬一	6,000	500	400	300	400	200	7,800	717.24				66.25	787.8	174.5	1,745.79	6054.21
	萬二	5,500	500	350	400	400	200	7,350	675.86		1,013.79		69.1	742.35	42.54	2,543.65	4806.35
小計		11,500	1,000					15,150	1,393.10				135.35	1,530.15	217.04		10860.56
車間辦公室	陳一	8,000	600	300	400	400	200	9,900	2,275.86				55.3	999.9	69.85	3,400.91	6499.09
	陳二	6,500	550	250	60	400	200	7,960	1,463.91	731.95	80.00		63.4	803.96	41.41	3,184.63	4775.37
小計		14,500	1,150					17,860	3,739.77				118.7	1,803.86	111.26		11274.46
車間生產線	董一	2,500		150	400	400	200	3,550	489.66		80.00		53.25	358.55	0	981.46	2568.54
	董二	2,500		150	400	400	200	3,550	326.44				46.75	358.55	0	731.74	2818.26
	董三	2,500		150	400	400	200	3,550						358.55	0	358.55	3191.45
	董四	2,500		150	400	400	200	3,550						358.55	0	1,174.64	2375.36
小計		10,000	800					14,200					100	1434.2			10953.62
銷售部	湯一	2,000	200	300	0	400	200	3,100	285.06				53.25	313.1	0	651.41	2448.59
	湯二	2,000	200	300	0	400	200	3,100	570.11				37.4	313.1	0	920.61	2179.39
小計		4,000	400					6,200	855.17				90.65	626.2			4627.98
總計		67,900	7,450					92,620	9,292.43	879.54	1,373.79	731.03	618.7	9,354.62	1,074.67	24,140.87	68479.13

計提「五險一金」表

單位：元

部門	姓名	基本工資	職務工資	崗位工資	獎金	交通補貼	誤餐補貼	應發合計	工傷保險（0.4%）	養老保險（12%）	醫療保險（7%）	生育保險（0.85%）	失業保險（0.2%）	合計
財務部	李一	8,000	1,000	500	600	400	200	10,700	42.80	1,284.00	749.00	90.95	21.4	2,188.15
	李二	4,800	800	300	200	400	200	6,700	26.80	804.00	469.00	56.95	13.4	1,370.15
小計		12,800	1,800					17,400	69.60	2,088.00	1,218.00	147.90	34.8	3,558.30
採購部	張一	3,500	600	200	300	400	200	5,200	20.80	624.00	364.00	44.20	10.4	1,063.40
	張二	3,000	500	150	200	400	200	4,450	17.80	534.00	311.50	37.83	8.9	910.03
小計		6,500	1,100					9,650	38.60	1,158.00	675.50	82.03	19.3	1,973.43
人事部	王一	5,000	700	300	500	400	200	7,100	28.40	852.00	497.00	60.35	14.2	1,451.95
	王二	3,600	500	120	240	400	200	5,060	20.24	607.20	354.20	43.01	10.12	1,034.77
小計		8,600	1,200					12,160	48.64	1,459.20	851.20	103.36	24.32	2,486.72
工程開發部	萬一	6,000	500	400	300	400	200	7,800	31.20	936.00	546.00	66.30	15.6	1,595.10
	萬二	5,500	500	350	400	400	200	7,350	29.40	882.00	514.50	62.48	14.7	1,503.08
小計		11,500	1,000					15,150	60.60	1,818.00	1,060.50	128.78	30.3	3,098.18
車間辦公室	陳一	8,000	600	300	400	400	200	9,900	39.60	1,188.00	693.00	84.15	19.8	2,024.55
	陳二	6,500	550	250	60	400	200	7,960	31.84	955.20	557.20	67.66	15.92	1,627.82
小計		14,500	1,150					17,860	71.44	2,143.20	1,250.20	151.81	35.72	3,652.37

表(續)

部門	姓名	基本工資	職務工資	崗位工資	獎金	交通補貼	誤餐補貼	應發合計	工傷保險(0.4%)	養老保險(12%)	醫療保險(7%)	生育保險(0.85%)	失業保險(0.2%)	合計
車間生產線	董一	2,500	200	150	100	400	200	3,550	14.20	426.00	248.50	30.18	7.1	725.98
	董二	2,500	200	150	100	400	200	3,550	14.20	426.00	248.50	30.18	7.1	725.98
	董三	2,500	200	150	100	400	200	3,550	14.20	426.00	248.50	30.18	7.1	725.98
	董四	2,500	200	150	100	400	200	3,550	14.20	426.00	248.50	30.18	7.1	725.98
小計		10,000	800					14,200	56.80	1,704.00	994.00	120.70	28.4	2,903.90
銷售部	湯一	2,000	200	300	0	400	200	3,100	12.40	372.00	217.00	26.35	6.2	633.95
	湯二	2,000	200	300	0	400	200	3,100	12.40	372.00	217.00	26.35	6.2	633.95
小計		4,000	400					6,200	24.80	744.00	434.00	52.70	12.4	1,267.90
總計		67,900	7,450					92,620	370.48	11,114.40	6,483.40	787.27	185.24	18,940.79

計提工資帳務處理如下：

借：生產成本　　　　　　　　　　　　　　　　　13,303.90
　　製造費用　　　　　　　　　　　　　　　　　13,308.28
　　管理費用　　　　　　　　　　　　　　　　　48,386.20
　　銷售費用　　　　　　　　　　　　　　　　　　5,344.83
　　貸：應付職工薪酬——工資　　　　　　　　　80,343.21

計提「五險一金」帳務處理如下：

借：生產成本　　　　　　　　　　　　　　　　　 2,903.90
　　製造費用　　　　　　　　　　　　　　　　　 3,652.37
　　管理費用　　　　　　　　　　　　　　　　　11,116.62
　　銷售費用　　　　　　　　　　　　　　　　　 1,267.90
　　貸：應付職工薪酬——五險一金　　　　　　　18,940.79

代扣「五險一金」帳務處理如下：

借：應付職工薪酬　　　　　　　　　　　　　　　 9,354.62
　　貸：其他應付款　　　　　　　　　　　　　　 9,354.62

代扣水電費帳務處理如下：

借：應付職工薪酬　　　　　　　　　　　　　　　　 618.7
　　貸：其他應付款　　　　　　　　　　　　　　　 618.7

代扣個人稅費帳務處理如下：

借：應付職工薪酬　　　　　　　　　　　　　　　 1,074.67
　　貸：應交稅費——應交個人所得稅　　　　　　 1,074.67

實訓五答案：

（1）借：原材料　　　　　　　　　　　　　　　 200,000
　　　　　應交稅費——應交增值稅——進項稅額　 34,000
　　　　貸：銀行存款　　　　　　　　　　　　　234,000
（2）借：原材料　　　　　　　　　　　　　　　　 4,200
　　　　貸：應付帳款　　　　　　　　　　　　　　4,200

（3）	借：原材料	58,500	
	貸：銀行存款		58,500
（4）	借：原材料	4,000	
	應交稅費——應交增值稅——進項稅額	120	
	貸：應付帳款		4,120
（5）	借：固定資產	80,000	
	應交稅費——應交增值稅——進項稅額	13,600	
	貸：應付票據		93,600
（6）	借：在建工程	5,850	
	貸：原材料		5,000
	應交稅費——應交增值稅——進項稅額轉出		850
（7）	借：營業外支出	2,000	
	貸：原材料		2,000
（8）	借：在建工程	351,000	
	貸：應付票據		351,000
（9）	借：銀行存款	351,000	
	貸：主營業務收入		300,000
	應交稅費——應交增值稅——銷項稅額		51,000
（10）	借：銀行存款	702,000	
	貸：主營業務收入		700,000
	應交稅費——應交增值稅——銷項稅額		102,000
（11）	借：管理費用	7,020	
	銷售費用	4,680	
	貸：主營業務收入		10,000
	應交稅費——應交增值稅——銷項稅額		1,700
（12）	借：營業外支出	4,620	
	貸：庫存商品		3,600
	應交稅費——應交增值稅——銷項稅額		1,020
（13）	借：長期股權投資	234,000	
	貸：主營業務收入		200,000
	應交稅費——應交增值稅——銷項稅額		34,000

本月應交增值稅＝34,000+1,020+1,700+102,000+51,000+850-13,600-120-34,000
　　　　　　　　＝142,850（元）
本月應交的城市維護建設稅＝142,850×7%＝9,999.5（元）
本月應交的教育費附加＝142,850×3%＝4,285.5（元）

借：稅金及附加	14,285	
貸：應交稅費——應交城市維護建設稅		9,999.5
應交稅費——教育費附加		4,285.5

實訓六答案：

1. B 2. C 3. C 4. A 5. B 6. A 7. B 8. A

實訓七答案：

1. ABCD 2. AB 3. ABCD 4. BCD 5. BC

第十章　收入、費用、利潤實訓答案

實訓一答案：

2010—2016 年不需要繳納企業所得稅。

2017 年需要繳納企業所得稅 =（65-15-2）×0.25 = 12（萬元）

借：所得稅費用　　　　　　　　　　　　　　　　　120,000

　　貸：應交稅費——應交企業所得稅　　　　　　　　120,000

2018 年第一季度需要繳納企業所得稅 = 20×0.25 = 5（萬元）

借：所得稅費用　　　　　　　　　　　　　　　　　50,000

　　貸：應交稅費——應交企業所得稅　　　　　　　　50,000

實訓二答案：

財務費用和已收本金計算表　　　　　　　　　單位：萬元

年份	未收本金（1）	財務費用（2）=（1）×實際利率	收現總額（3）	已收本金（4）=（3）-（2）
2013 年 1 月 1 日	1,800			
2013 年 12 月 31 日	1,378.415,2	78.415,2	500	421.584,8
2014 年 12 月 31 日	938.464,5	60.049,3	500	439.950,7
2014 年 12 月 31 日	479.347,8	40.883,3	500	459.116,7
2015 年 12 月 31 日	0	20.652,2	500	479.347,8
總額		200		1,800

（1）銷售時：

借：長期應收款　　　　　　　　　　　　　　　　　20,000,000

　　銀行存款　　　　　　　　　　　　　　　　　　3,400,000

　　貸：主營業務收入　　　　　　　　　　　　　　　18,000,000

　　　　應交稅費——應交增值稅——銷項稅額　　　　3,400,000

　　　　未實現融資收益　　　　　　　　　　　　　　2,000,000

（2）結轉銷售成本時：
借：主營業務成本　　　　　　　　　　　　　　12,000,000
　　貸：庫存商品　　　　　　　　　　　　　　　　12,000,000
（3）2013年12月31日收到貨款時：
借：銀行存款　　　　　　　　　　　　　　　　　5,000,000
　　貸：長期應收款　　　　　　　　　　　　　　　5,000,000
借：未實現融資收益　　　　　　　　　　　　　　　784,152
　　貸：財務費用　　　　　　　　　　　　　　　　　784,152
（4）2014年12月31日收到貨款時：
借：銀行存款　　　　　　　　　　　　　　　　　5,000,000
　　貸：長期應收款　　　　　　　　　　　　　　　5,000,000
借：未實現融資收益　　　　　　　　　　　　　　　600,493
　　貸：財務費用　　　　　　　　　　　　　　　　　600,493
（5）2015年12月31日收到貨款時：
借：銀行存款　　　　　　　　　　　　　　　　　5,000,000
　　貸：長期應收款　　　　　　　　　　　　　　　5,000,000
借：未實現融資收益　　　　　　　　　　　　　　　408,833
　　貸：財務費用　　　　　　　　　　　　　　　　　408,833
（6）2016年12月31日收到貨款時：
借：銀行存款　　　　　　　　　　　　　　　　　5,000,000
　　貸：長期應收款　　　　　　　　　　　　　　　5,000,000
借：未實現融資收益　　　　　　　　　　　　　　　206,522
　　貸：財務費用　　　　　　　　　　　　　　　　　206,522

實訓三答案：

（1）商品發出時：
借：應收帳款　　　　　　　　　　　　　　　　　　351,000
　　貸：主營業務收入　　　　　　　　　　　　　　　300,000
　　　　應交稅費——應交增值稅——銷項稅額　　　　51,000
（2）結轉銷售成本：
借：主營業務成本　　　　　　　　　　　　　　　　240,000
　　貸：庫存商品　　　　　　　　　　　　　　　　　240,000
（3）收到貨款時：
借：銀行存款　　　　　　　　　　　　　　　　　　351,000
　　貸：應收帳款　　　　　　　　　　　　　　　　　351,000

實訓四答案：

委託方的帳務處理如下：
（1）發出商品時：
借：發出商品 180,000
　貸：庫存商品 180,000
（2）收到代銷清單時：
借：應收帳款 280,800
　貸：主營業務收入 240,000
　　　應交稅費——應交增值稅——銷項稅額 40,800
（3）結轉銷售成本：
借：主營業務成本 180,000
　貸：發出商品 180,000
（4）計算應付的代銷手續費用時：
借：銷售費用 2,400
　貸：應收帳款 2,400
（5）收到貨款時：
借：銀行存款 278,400
　貸：應收帳款 278,400

受託方的帳務處理如下：
（1）收到委託代銷商品時：
借：受託代銷商品 240,000
　貸：受託代銷商品款 240,000
（2）實際銷售商品時：
借：銀行存款 280,800
　貸：應付帳款 240,000
　　　應交稅費——應交增值稅——銷項稅額 40,800
（3）結轉銷售成本：
借：受託代銷商品款 240,000
　貸：受託代銷商品 240,000
（4）收到委託方開具的增值稅專用發票時：
借：應交稅費——應交增值稅——進項稅額 40,800
　貸：應付帳款 40,800
（5）支付應付帳款並計算代銷收入時：
借：應付帳款 280,800
　貸：銀行存款 278,400
　　　主營業務收入 2,400

實訓五答案：

1. 第一筆退貨業務相關會計分錄
(1) 調減上一年度的銷售收入：
借：以前年度損益調整 4,000
　　應交稅費——應交增值稅——銷項稅額 680
　　貸：銀行存款 4,680
(2) 調減上一年度的銷售成本：
借：庫存商品 2,800
　　貸：以前年度損益調整 2,800
(3) 調整上一年度的所得稅費用：
借：應交稅費——應交所得稅 300
　　貸：以前年度損益調整 300
(4) 將「以前年度損益調整」帳戶的餘額進行結轉：
借：利潤分配 900
　　貸：以前年度損益調整 900

2. 第二筆退貨業務相關會計分錄
(1) 衝減當年銷售收入時：
借：主營業務收入 7,800
　　應交稅費——應交增值稅——銷項稅額 1,326
　　貸：銀行存款 9,126
(2) 衝減當年商品的銷售成本：
借：庫存商品 6,000
　　貸：主營業務成本 6,000

實訓六答案：

(1) 發生勞務支出時：
借：勞務成本 16,500
　　貸：應付職工薪酬 16,000
　　　　庫存現金 500
(2) 收到款項時：
借：銀行存款 22,200
　　貸：主營業務收入 20,000
　　　　應交稅費——應交增值稅——銷項稅額 2,200
(3) 結轉勞務成本時：
借：主營業務成本 16,500
　　貸：勞務成本 16,500

實訓七答案：

（1）鍋爐發出時：
借：發出商品 360,000
　　貸：庫存商品 360,000
（2）發生勞務支出時：
借：勞務成本 4,400
　　貸：應付職工薪酬 4,000
　　　　庫存現金 400
（3）鍋爐安裝完成確認收入時：
借：銀行存款 468,000
　　貸：主營業務收入 400,000
　　　　應交稅費——應交增值稅——銷項稅額 68,000
借：銀行存款 6,660
　　貸：主營業務收入 6,000
　　　　應交稅費——應交增值稅——銷項稅額 660
（4）結轉成本時：
借：主營業務成本 364,400
　　貸：發出商品 360,000
　　　　勞務成本 4,400

第十一章　所有者權益實訓答案

實訓一答案：

借：銀行存款 294,000,000
　　貸：股本 50,000,000
　　　　資本公積 244,000,000
借：利潤分配 98,000,000
　　貸：股本 20,000,000
　　　　資本公積 78,000,000

實訓二答案：

借：銀行存款 1,500,000
　　原材料 2,000,000
　　應交稅費——應交增值稅——進項稅額 425,000
　　貸：實收資本 3,925,000

借：固定資產　　　　　　　　　　　　　　　　　　　　　　3,750,000
　　貸：實收資本　　　　　　　　　　　　　　　　　　　　　3,500,000
　　　　資本公積　　　　　　　　　　　　　　　　　　　　　　250,000
借：無形資產　　　　　　　　　　　　　　　　　　　　　　1,050,000
　　銀行存款　　　　　　　　　　　　　　　　　　　　　　1,450,000
　　貸：實收資本　　　　　　　　　　　　　　　　　　　　　2,500,000

實訓三答案：

當年應繳納企業所得稅＝360×0.25＝90（萬元）
借：所得稅費用　　　　　　　　　　　　　　　　　　　　　　900,000
　　貸：應交稅費——應交企業所得稅　　　　　　　　　　　　900,000
借：本年利潤　　　　　　　　　　　　　　　　　　　　　　　900,000
　　貸：所得稅費用　　　　　　　　　　　　　　　　　　　　900,000
借：本年利潤　　　　　　　　　　　　　　　　　　　　　　2,700,000
　　貸：利潤分配——未分配利潤　　　　　　　　　　　　　2,700,000
借：利潤分配——提取盈餘公積　　　　　　　　　　　　　　342,000
　　貸：盈餘公積　　　　　　　　　　　　　　　　　　　　　342,000
借：利潤分配——應付股利　　　　　　　　　　　　　　　　500,000
　　貸：應付股利　　　　　　　　　　　　　　　　　　　　　500,000
借：利潤分配——未分配利潤　　　　　　　　　　　　　　　842,000
　　貸：利潤分配——提取盈餘公積　　　　　　　　　　　　　342,000
　　　　利潤分配——應付股利　　　　　　　　　　　　　　　500,000

第十二章　財務報告實訓答案

①借：銷售費用——差旅費　　　　　　　　　　　　　　　　　2,600
　　　庫存現金　　　　　　　　　　　　　　　　　　　　　　　　400
　　貸：其他應收款——張三　　　　　　　　　　　　　　　　　3,000
②借：應收帳款——廣東A股份有限公司　　　　　　　　　　1,053,000
　　貸：主營業務收入　　　　　　　　　　　　　　　　　　　900,000
　　　　應交稅費——應交增值稅——銷項稅額　　　　　　　　153,000
③借：材料採購　　　　　　　　　　　　　　　　　　　　　　101,000
　　　應交稅費——應交增值稅——進項稅額　　　　　　　　　 17,000
　　貸：預付帳款——上海三環　　　　　　　　　　　　　　　117,000
　　　　銀行存款　　　　　　　　　　　　　　　　　　　　　　1,000
借：原材料　　　　　　　　　　　　　　　　　　　　　　　　105,000
　　貸：材料採購　　　　　　　　　　　　　　　　　　　　　101,000
　　　　材料成本差異　　　　　　　　　　　　　　　　　　　　4,000

④借：材料採購 60,930
　　　應交稅費——應交增值稅——進項稅額 10,302.3
　　貸：預付帳款——上海三環 70,200
　　　　銀行存款 10,032.3
　借：預付帳款——上海三環 20,200
　　貸：銀行存款 20,200
　借：原材料 56,000
　　　材料成本差異 4,930
　　貸：材料採購 60,930
⑤借：製造費用 600
　　貸：庫存現金 600
⑥借：銀行存款 456,000
　　貸：應收票據——廣東甲公司 456,000
⑦借：生產成本 425,000
　　貸：原材料 425,000
⑧借：銷售費用 3,000
　　　製造費用 4,500
　　貸：銀行存款 7,500
⑨借：其他貨幣資金 200,000
　　　財務費用 50
　　貸：銀行存款 200,050
⑩借：庫存現金 5,850
　　貸：主營業務收入 5,000
　　　　應交稅費——應交增值稅——銷項稅額 850
⑪借：製造費用 470
　　貸：庫存現金 470
⑫借：材料採購 150,000
　　　應交稅費——應交增值稅——進項稅額 25,500
　　　銀行存款 24,500
　　貸：其他貨幣資金 200,000
　借：原材料 145,000
　　　材料成本差異 5,000
　　貸：材料採購 150,000
⑬借：材料採購 23,400
　　貸：銀行存款 23,400
　借：原材料 24,000
　　貸：材料採購 23,400
　　　　材料成本差異 600

110

⑭借：固定資產　　　　　　　　　　　　　　　　　　100,000
　　　應交稅費——應交增值稅——進項稅額　　　　　17,000
　　貸：銀行存款　　　　　　　　　　　　　　　　　　117,000
⑮借：製造費用　　　　　　　　　　　　　　　　　　 42,000
　　　生產成本　　　　　　　　　　　　　　　　　　 223,000
　　　管理費用　　　　　　　　　　　　　　　　　　　30,000
　　　銷售費用　　　　　　　　　　　　　　　　　　　 5,000
　　貸：應付職工薪酬　　　　　　　　　　　　　　　 300,000
⑯借：製造費用　　　　　　　　　　　　　　　　　　 20,000
　　　銷售費用　　　　　　　　　　　　　　　　　　　　900
　　　管理費用　　　　　　　　　　　　　　　　　　　 1,600
　　貸：累計折舊　　　　　　　　　　　　　　　　　　22,500
⑰借：生產成本　　　　　　　　　　　　　　　　　　 67,570
　　貸：製造費用　　　　　　　　　　　　　　　　　　67,570
⑱

材料成本差異　　　　　　　　　　　　　單位：元

期初差異額	本期差異額	差異合計	期初結存計劃成本	本期計劃成本	計劃成本合計	差異率
6,000	5,330	11,330	1,100,000	330,000	1,430,000	0.007,9

借：生產成本　　　　　　　　　　　　　　　　　　　3,357.5
　貸：材料成本差異　　　　　　　　　　　　　　　　3,357.5
⑲借：庫存商品　　　　　　　　　　　　　　　　　　718,927.5
　　貸：生產成本　　　　　　　　　　　　　　　　　718,927.5
⑳計提的城市維護建設稅＝84,047.7×0.07＝5,883.34（元）
計提的教育費附加＝84,047.7×0.03＝2,521.43（元）
借：稅金及附加　　　　　　　　　　　　　　　　　　 8,404.77
　貸：應交稅費——應交城市維護建設稅　　　　　　　5,883.34
　　　應交稅費——應交教育費附加　　　　　　　　　2,521.43
㉑計提壞帳準備金額＝2,653,000×0.5%－8,000＝5,265（元）
借：資產減值損失　　　　　　　　　　　　　　　　　 5,265
　貸：壞帳準備　　　　　　　　　　　　　　　　　　 5,265
㉒加權平均單位銷售成本＝5,050×（2,775,840+718,927.5）/（34,698+8,900）
　　　　　　　　　　　＝5,050×80.158,9＝404,802.45（元）

借：主營業務成本 404,802.45
　　貸：庫存商品 404,802.45
㉓借：本年利潤 461,622.22
　　貸：管理費用 31,600
　　　　財務費用 50
　　　　銷售費用 11,500
　　　　主營業務成本 404,802.45
　　　　稅金及附加 8,404.77
　　　　資產減值損失 5,265
借：主營業務收入 905,000
　　貸：本年利潤 905,000
㉔本期計提所得稅費用＝（443,374.55－13,160）×0.25＝107,553.64（元）
借：所得稅費用 107,553.64
　　貸：應交稅費——應交所得稅 107,553.64
借：本年利潤 107,553.64
　　貸：所得稅費用 107,553.64
㉕借：本年利潤 335,823.33
　　貸：利潤分配——未分配利潤 335,823.33
㉖

12月會計科目試算平衡表　　　　　　單位：元

序號	會計科目	借方發生額	貸方發生額
1	銷售費用	11,500	11,500
2	庫存現金	6,250	1,070
3	其他應收款		3,000
4	應收帳款	1,053,000	
5	主營業務收入	905,000	905,000
6	應交稅費（增值稅）	69,802.3	153,850
	應交稅費（其他稅）		115,959.22
7	材料採購	335,330	335,330
8	預付帳款	20,200	187,200
9	材料成本差異	9,930	7,957.5
10	銀行存款	480,500	370,150
11	原材料	330,000	425,000
12	製造費用	67,570	67,570
13	應收票據		456,000

表(續)

序號	會計科目	借方發生額	貸方發生額
14	生產成本	718,927.5	718,927.5
16	其他貨幣資金	200,000	200,000
17	財務費用	50	50
18	固定資產	100,000	
19	管理費用	31,600	31,600
20	應付職工薪酬		300,000
21	累計折舊		22,500
22	稅金及附加	8,404.77	8,404.77
23	庫存商品	718,927.5	404,802.45
24	資產減值損失	5,265	5,265
25	壞帳準備		5,265
26	主營業務成本	404,802.45	404,802.45
27	本年利潤	905,000	905,000
28	所得稅費用	107,553.64	107,553.64
29	利潤分配		335,820.91
37	合計	6,489,613.97	6,489,613.97

㉗

2016年12月利潤表

編製單位：廣東燕塘公司　　　2016年12月　　　　　　　　單位：元

項目	行次	本月數	本年累計數
一、營業收入	1	905,000	5,059,000
減：營業成本	2	404,802.45	4,261,082.45
稅金及附加	3	8,408	262,408
銷售費用	4	11,500	11,500
管理費用	5	31,600	31,600
財務費用	6	50	50
資產減值損失	7	5,265	5,265
加：公允價值變動收益	8	0	0
投資收益	9	0	20,000
二、營業利潤	10	443,374.55	507,094.55
加：營業外收入	11	0	39,600
減：營業外支出	12	0	16,480

表(續)

項目	行次	本月數	本年累計數
三、利潤總額	13	443,377.78	530,217.78
減：所得稅費用	14	107,554.45	107,554.45
四、淨利潤	15	335,823.33	335,823.33

㉘

資產負債表

編製單位：廣東燕塘公司　　2016年12月31日　　單位：元

科目名稱	期初餘額	期末餘額	科目名稱	期初餘額	期末餘額
貨幣資金	1,931,200	2,046,697.7	短期借款	1,200,000	1,200,000
交易性金融資產	30,000	30,000	應付票據	965,500	965,500
應收票據	856,000	400,000	應付帳款	2,095,000	2,095,000
應收帳款淨額	1,592,000	2,639,735	其他應付款	2,000	2,000
預付帳款	200,000	33,000	應付職工薪酬	560,000	860,000
其他應收款	5,600	2,600	應交稅費	159,800	359,806.92
存貨	4,402,340	4,623,437.55	應付利息	2,000	2,000
流動資產合計	9,017,140	9,775,470.25	其中一年內到期長期負債	150,000	650,000
固定資產淨值	4,200,000	4,277,500	流動負債合計	5,134,300	6,134,306.92
在建工程	3,000,000	3,000,000	長期借款	2,000,000	1,500,000
無形資產	60,000	60,000	非流動負債合計	2,000,000	1,500,000
長期待攤費用	350,000	350,000	股本	9,300,000	9,300,000
非流動資產合計	7,610,000	7,687,500	盈餘公積	206,000	206,000
			未分配利潤	-13,160	322,663.33
			所有者權益合計	9,492,840	9,828,663.33
資產合計	16,627,140	17,462,970.25	負債及所有者權益合計	16,627,140	17,462,970.25

國家圖書館出版品預行編目(CIP)資料

中級財務會計技能實訓 / 李焱，言慧 主編. -- 第二版.
-- 臺北市 : 財經錢線文化出版 : 崧博發行, 2018.11
　面 ；　公分

ISBN 978-957-680-244-7(平裝)

1.財務會計

495.4　　　　107018097

書　名：中級財務會計技能實訓
作　者：李焱、言慧 主編
發行人：黃振庭
出版者：財經錢線文化事業有限公司
發行者：崧博出版事業有限公司
E-mail：sonbookservice@gmail.com
粉絲頁　　　　　網　址：
地　址：台北市中正區延平南路六十一號五樓一室
8F.-815, No.61, Sec. 1, Chongqing S. Rd., Zhongzheng Dist., Taipei City 100, Taiwan (R.O.C.)
電　話：(02)2370-3310　傳　真：(02) 2370-3210
總經銷：紅螞蟻圖書有限公司
地　址：台北市內湖區舊宗路二段 121 巷 19 號
電　話:02-2795-3656　傳真:02-2795-4100　網址：
印　刷 ：京峯彩色印刷有限公司（京峰數位）

　　本書版權為西南財經大學出版社所有授權崧博出版事業有限公司獨家發行電子書及繁體書繁體版。若有其他相關權利及授權需求請與本公司聯繫。

定價：250元
發行日期：2018 年 11 月第二版

◎ 本書以POD印製發行